建筑材料实验教程

主　编　赖　杰　刘　云　刘　渊　王　炜

副主编　高成强　张　毅

编　者　袁　健　牛梓蓉　冯　江

西北工業大學出版社

西　安

【内容简介】“建筑材料”是高等院校土木工程专业的一门重要课程。本书按照国家现行标准、规范和实验室资质认定的要求进行编写，主要内容涉及建筑材料实验数据的处理，天然石材、混凝土、水泥、建筑砂浆、沥青材料、建筑钢材等材料相关物理性能的实验方法、步骤和结果处理方法。同时，本书部分章节还配有实验原始记录表格。

本书可用作高等院校土木工程专业课程教材，也可供土木施工、设计、科研等相关人员学习参考。

图书在版编目(CIP)数据

建筑材料实验教程/赖杰等主编．—西安：西北工业大学出版社，2021.11

ISBN 978-7-5612-7569-6

Ⅰ．①建…　Ⅱ．①赖…　Ⅲ．①建筑材料-材料试验-教材　Ⅳ．①TU502

中国版本图书馆 CIP 数据核字(2021)第 230063 号

JIANZHU CAILIAO SHIYAN JIAOCHENG

建 筑 材 料 实 验 教 程

责任编辑：曹　江　　**策划编辑**：杨　军
责任校对：朱晓娟　　**装帧设计**：李　飞
出版发行：西北工业大学出版社
通信地址：西安市友谊西路 127 号　　邮编：710072
电　　话：(029)88491757，88493844
网　　址：www.nwpup.com
印 刷 者：陕西奇彩印务有限责任公司
开　　本：787 mm×1 092 mm　　1/16
印　　张：6.875
字　　数：180 千字
版　　次：2021 年 11 第 1 版　　2021 年 11 第 1 次印刷
定　　价：39.00 元

前　　言

本书严格按照高等院校人才培养目标的要求，以优化土木工程专业人才培养结果为目标，以提升“建筑材料”课程教学效率为出发点，形成具有土木工程专业特点的教材。本书包括10章内容，第1章、第2章为实验基础，第3章～第10章为具体实验操作，侧重理论与实践结合。

本书由火箭军工程大学的赖杰、刘云、刘渊、王炜担任主编，高成强、张毅担任副主编。袁健、牛梓蓉、冯江参编，其中，赖杰、刘云、刘渊主要编写第1～9章，王炜、高成强、张毅参与编写第7～10章，袁健、牛梓蓉、冯江分别提供了本书的图片、实验报告等素材及相关参考文献。

在本书的编写过程中，笔者得到了火箭军工程大学国防工程教研室各位同事的帮助，同时参考了大量的资料，在此表示衷心感谢。

由于水平有限，不足之处在所难免，恳请各位读者不吝赐教。

编　者

2021年6月

目　录

第 1 章　建筑材料实验基础知识

“建筑材料”是高等院校土木工程专业的一门重要专业课程，也是实践性很强的一门课程，建筑材料实验则是建筑材料课程的重要基础，是建筑材料知识的重要内容。通过对建筑材料实验相关知识的学习，可以让土木工程专业方向的学生开展建筑材料相关特性实验，确定实验方法，确定操作流程，能够对实验数据进行有效处理，熟悉国家、行业（部）颁布的技术标准。

1.1　实验目的

1）加深建筑材料相关理论知识，熟悉建筑材料主要物理和力学性质。

2）掌握建筑材料的实验方法和相关理论，提高专业技术能力。

3）掌握建筑材料各种仪器、设备的操作方法，能够观察、记录和处理实验数据。

4）加强土木工程专业方向的学生认真求实的科学态度，使其具备解决与建筑材料相关工程问题的能力。

1.2　实验过程

对建筑材料开展实验，应根据国家、行业（部）颁布的技术标准进行，总体来说，每次实验应包括以下过程。

1.实验准备

实验前的准备工作是保证实验顺利开展的前提，也是得到有效实验数据的重要保障，从知识层面而言，实验准备的内容由理论知识的准备、仪器设备的知识准备两部分组成。其中，理论知识的准备包括：实验前，技术人员要充分熟悉相关建筑材料的理论知识，掌握实验数据统计和分析的主要方法。仪器设备的知识准备：实验前技术人员应掌握本次材料实验所涉及仪器的工作原理、工作条件和操作规程等内容，避免实验中出现错误，导致实验失败。

2.取样与试件准备

在建筑材料课程中，对实验对象的选取统称为“取样”。材料取样具有一定的代表性，主要原因在于无法对所涉及的材料都开展相关的物理力学性能实验，只能随机选取其中的典型样本进行相关实验，这在实验中是允许的。

不同材料的采样应采取不同的办法，工程技术人员应严格按照相关规范、标准和技术手册等对材料进行取样，使其能够反映同类材料的相关性能，在取样完成后再进行实验。

3.实验操作

实验操作是考验技术人员专业知识、动手能力最重要的一环，只有在实验准备工作完全做好的基础上（理论知识、仪器操作知识）才能开展相关材料测试，以得到合理的结果，避免实验数据与真实情况不符。实验过程应规范操作，必须使仪器设备、试件制备、测量技术等严格符合实验方法中的规定，以保证实验条件的统一，获得准确、具有可比性的实验结果。

4.结果分析与评定

实验数据的分析与评定是整个建筑材料实验的最后一个环节，也是极其重要的一环，是保证实验结果可靠程度的重要依据，工程技术人员应本着实事求是的原则，严格按照相关规范、标准，以实验报告的形式给出实验结论，明确实验数据的适用范围，保证实验数据的严谨性。

1.3 计量单位

1.3.1 法定计量单位

建筑材料的实验检测记录和报告的量值必须使用法定计量单位。《中华人民共和国计量法》规定："国家采用国际单位制。国际单位制计量单位和国家选定的其他计量单位，为国家法定计量单位。"

1.国际单位制计量单位

（1）国际单位制的来历与特点

在计量单位变化发展的历程中，对近代科学影响最大的是国际单位制计量单位，国际单位制以 SI 表示。经过多年的发展和完善，SI 已在国际上获得广泛的承认和接受。SI 单位包括两部分：SI 基本单位和 SI 导出单位。应当指出，SI 是在科技发展中产生的，也将随着科技的进一步发展而不断完善。

（2）SI 单位

SI 选择了长度、质量、时间、电流、热力学温度、物质的量和发光强度等 7 个基本量，并给基本单位规定了严格的定义。SI 基本单位是 SI 的基础，这些定义体现了现代科技发展的水平，其量值能以高准确度复现出来。

1）SI 基本单位。

SI 基本单位是 SI 的基础，其名称和符号见表 1-1。

表 1-1 SI 基本单位的名称和符号

量的名称	单位名称	单位符号
长度	米	m
质量	千克（公斤）	kg
时间	秒	s
电流	安（培）	A

续表

量的名称	单位名称	单位符号
热力学温度	开(尔文)	K
物质的量	摩(尔)	mol
发光强度	坎(德拉)	cd

2)SI 导出单位。

SI 导出单位是用基本单位以代数形式表示的单位。这种单位符号中的乘和除采用数学符号,如速度的 SI 单位为米每秒(m/s),其名称和符号见表 1-2。

表 1-2 SI 导出单位的名称和符号

量的名称	SI 导出单位		
	名称	符号	用 SI 基本单位和 SI 导出单位表示
平面角	弧度	rad	1 rad=1 m/m=1
立体角	球面度	sr	1 sr=1 m^2/m^2=1
频率	赫(兹)	Hz	1 Hz=1 s^{-1}
力	牛(顿)	N	1 N=1 kg·m/s^2
压力、压强、应力	帕(斯卡)	Pa	1 Pa=1 N/m^2
能(量)、功、热量	焦(耳)	J	1 J=1 N·m

1.3.2 法定计量单位与非国际单位制单位

法定计量单位:国家以法令的形式规定允许使用或强制使用的计量单位,除上述的 SI 基本单位及 SI 导出单位外,还包括非国际单位制单位,其名称和符号见表 1-3。

表 1-3 典型非国际单位制单位的名称和符号

量的名称	单位名称	单位符号	换算关系和说明
时间	分 (小)时 天(日)	min h d	1 min=60 s 1 h=60 min=3 600 s 1 d=24 h=86 400 s
平面角	(角)秒 (角)分 度	(″) (′) (°)	1″=(π/648 000) rad 1′=60″=(π/10 800) rad 1°=60′=(π/180) rad
旋转速度	转每分	r/min	1 r/min=(1/60) s^{-1}
长度	海里	n mile	1 n mile =1 852 m (只用于航程)
速度	节	kn	1 kn=1 n mile/h= (1 852/3 600)m/s (只用于航行)
质量	吨	t	1 t=10^3 kg

1.4　实验的数据处理

数据处理是建筑材料实验报告的重要组成部分，其包含的内容十分丰富，例如数据的记录、函数图线的描绘，从实验数据中提取测量结果的不确定度信息，验证和寻找物理规律等。常见的数据统计方法包括列表法、作图法和最小二乘法等。

进行建筑材料实验时，受到气候、温度、湿度、人员操作等因素的影响，不可避免地会产生各种实验误差，有些误差(如人为操作误差)可以避免，有些误差则不可避免。

1.4.1　误差类型

测量所得到的一切数据都含有一定量的误差，没有误差的测量结果是不存在的。既然误差一定存在，那么测量的任务即是设法将测量值中的误差减至最小，或在特定的条件下，求出被测量的最近真值，并估计最近真值的可靠度。

1.系统误差

系统误差是由于测量仪器不良，如刻度不准、零点未校准，或测量环境不标准，如温度、压力、风速等偏离校准值，或实验人员的习惯和偏向等因素所引起的误差。这类误差在一系列测量中，大小和符号不变或有固定的规律，经过精确的校正可以消除。

2.偶然误差

偶然误差是由一些不易控制的因素引起的，如测量值的波动、实验人员熟练程度及感官误差、外界条件的变动、肉眼观察欠准确等一系列问题。这类误差在一系列测量中的数值和符号是不确定的，而且是无法消除的，但它服从统计规律，因此，可以被发现并且予以定量描述。实验数据的精确度主要取决于这些偶然误差。因此，它具有决定意义。

3.过失误差

过失误差主要由实验人员粗心大意(如读数错误或操作失误)所致。这类误差往往与正常值相差很大，应在整理数据时加以剔除。

4.偶然误差服从的分布规律

正态分布是最常用的描述随机变量的概率分布的函数。检测测量中的偶然误差近似服从正态分布，正态分布 $N(\mu,\sigma^2)$ 的概率密度分布函数为

$$p(x)=\frac{1}{\sqrt{2\pi}}\mathrm{e}^{-\frac{(x-\mu)^2}{2\sigma^2}},(-\infty<x<+\infty) \tag{1-1}$$

其分布函数为

$$N(x)=\frac{1}{\sqrt{2\pi}\sigma}\int_{-\infty}^{x}\mathrm{e}^{-\frac{(x-\mu)^2}{2\sigma^2}}\mathrm{d}t \tag{1-2}$$

式中：μ，σ——式(1－1)和式(1－2)的两个特征参数，其中 μ 为曲线最高值对应的横坐标，是实验数据正态分布的均值；

σ——实验数据正态分布的标准差，其大小决定曲线的“瘦胖”程度。

对于满足正态分布的曲线族，只要参数 μ 及 σ 已知，曲线就可以确定。图 1－1 为不同参数的正态分布示意图。

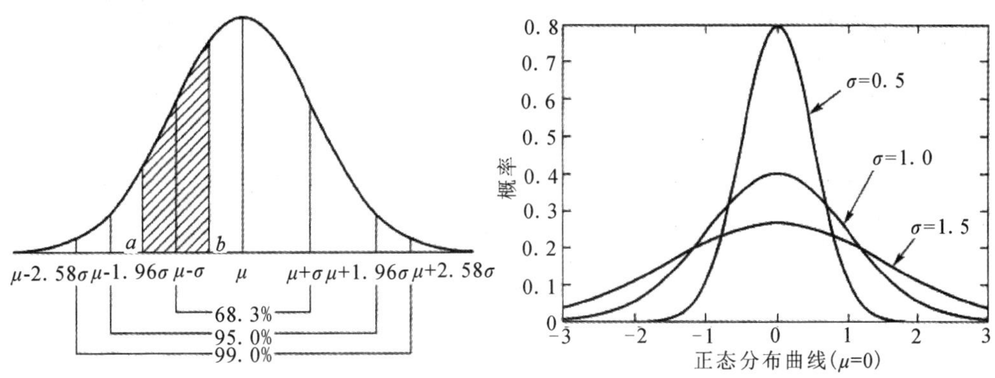

图 1－1　正态分布示意图

1.4.2　真值与平均值

真值是待测物理量客观存在的确定值，由于测量时不可避免地存在一定误差，故真值是无法测得的，但是经过细致地消除系统误差，经过无数次测定，根据随机误差中正、负误差出现几率相等的规律，测定结果的平均值，称此平均值为最佳值。实际上，测量次数总是有限的，得出的平均值只能近似于真值，称此平均值为最佳值。计算中可将此最佳值当作真值，或将“标准仪表”(即精确度较高的仪表)所测之值当作真值。

1.4.3　有效数字及其运算规则

实验中得到的有实际意义的数值的最后一位数字欠准是被允许的，这种由可靠数字和最后一位不确定数字组成的数值即为有效数字。最后一位数字的欠准程度通常只能是上、下差本单位的 1 个数值。在确定欠准数字的位置后，其后面的数字均为无效数字，欠准数字的位置可以是十进位的任何位数。

1.有效数字

在建筑材料实验中，有效数字指实际上能测量到的数字。有效数字中数字的个数叫作有效数字的位数，如 2 893.76 m 中有六位有效数字。

2.运算规则

(1)零在数据中具有双重作用

若作为普通数，0 是有效数字，如 0.917 0 写成 4 位有效数字 9.170×10^{-1}；若只起定位作用，0 不是有效数字，如 0.091 7 记成 3 位有效数字 9.17×10^{-2}。

(2)取舍有效数字位数

在分析建筑材料实验相关数据时，经常会遇到一些分数、整数、倍数等，这些数可视为足够有效。在计算结果中，采用“四舍六入五成双”原则进行修约(当尾数≤4 时将其舍去；当尾数

≥6 时就进一位；当尾数等于 5 时看其前一位，加 1 后为奇数则舍，为偶数则入）。

(3)运算规则

对于实验数据，几个数据相加或相减时，它们的和或差的有效数字的保留，应依小数点后位数最少的数据为根据，即取决于绝对误差最大的那个数据；在几个数据的乘除运算中，所得结果的有效数字的位数取决于有效数字位数最少的那个数，即相对误差最大的那个数。

如：(0.097 5×8.107)/139.25＝0.005 68

课后思考题

1)根据误差产生的原因，误差可以分成哪几类？

2)系统误差、偶然误差和过失误差反映的是物理实验中数据的哪些情况？各有什么不同？

3)掌握有效数字结果分析的意义是什么？

第 2 章　建筑材料基本物理性质试验

2.1　材料的密度

在土木工程中，建筑具有各种不同的作用，因而建筑材料应具备不同的性质，其中材料与密度有关的性质对其物理和力学性能影响尤为突出。

2.1.1　密度

材料在绝对密实状态下单位体积的质量，称为密度，按式(2－1)计算。

$$\rho=\frac{m}{V} \tag{2-1}$$

式中：ρ——材料的密度，g/cm^3；

m——材料在干燥状态下的质量，g；

V——材料在绝对密实状态下的体积，cm^3。

绝对密实状态下的体积是指不包括材料内部孔隙的固体物质的实体积。在常用的土木工程材料中，除钢、玻璃、沥青等可认为不含孔隙外，绝大多数的材料均或多或少含有孔隙。测定含孔隙材料绝对密实体积的方法，是将该材料磨成细粉，干燥后用排液法测得的粉末体积，即为绝对密实状态下的体积。材料磨得越细，内部孔隙消除得越完全，测得的体积也就越精确。

2.1.2　表观密度

材料在自然状态下单位体积的质量，称为表观密度(原称容重)，按式(2－2)计算。

$$\rho_0=\frac{m}{V_0} \tag{2-2}$$

式中：ρ_0——材料的表观密度，g/cm^3；

m——材料在干燥状态下的质量，g；

V_0——材料在自然状态下的体积，cm^3。

自然状态下的体积是指包括材料实体积和内部孔隙(含开口孔隙)的外观几何形状的体积。测定材料自然状态体积时，若材料外观形状规则，可直接度量外形尺寸，按几何公式计算。若外观形状不规则，可用排液法求得。

另外，材料的表观密度与含水状况有关。材料含水时，质量要增加，体积也会发生不同程度的变化。因此，一般测定表观密度时，以干燥状态为准，对于含水状态下测定的表观密度，须注明含水情况。

2.1.3 堆积密度

散粒材料在自然堆积状态下单位体积的质量，称为堆积密度，按式(2-3)计算。

$$\rho_0' = \frac{m}{V_0'} \tag{2-3}$$

式中：ρ_0'——散粒材料的堆积密度，g/cm³；

m——散粒材料的质量，g 或 kg；

V_0'——散粒材料的自然堆积体积，cm³。

散粒材料堆积状态下的体积既包含颗粒自然状态下的体积，又包含颗粒之间的空隙体积。散粒材料的堆积体积常用其所填充满的容器的标定容积来表示：散粒材料的堆积方式是松散的，称为松散堆积；堆积方式是捣实的，称为紧密堆积。由松散堆积测试得到的是松散堆积密度，由紧密堆积测试得到的是紧密堆积密度。

2.2 材料密度、表观密度及堆积密度试验

2.2.1 密度试验

材料的密度是指在绝对密实状态下单位体积的质量，利用密度可计算材料的孔隙率和密实度。孔隙率的大小会影响材料的吸水率、强度、抗冻性及耐久性等。

1.试验仪器

(1)李氏瓶(见图 2-1)

图 2-1 李氏瓶

(2)电子天平(见图 2-2)

天平的最大称量不小于 1 000 g，分度值不小于 1 g。

图 2－2　电子天平

(3)筛子(见图 2－3)

图 2－3　筛子

(4) 鼓风烘箱(见图 2－4)

图 2－4　鼓风烘箱

(5) 其他仪器设备(见图 2－5)

其他仪器设备包括量筒、干燥器、温度计等。

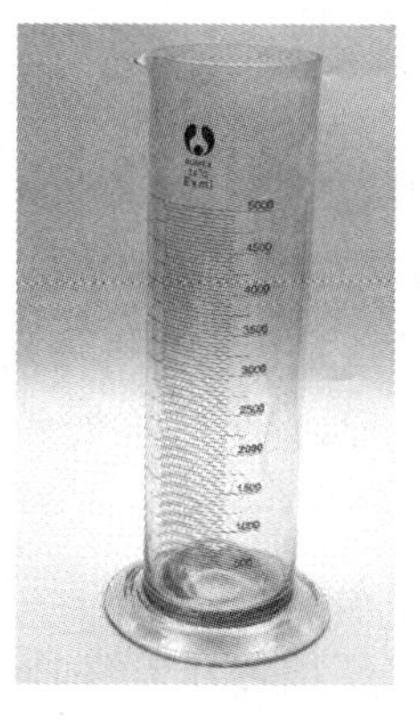

(a)

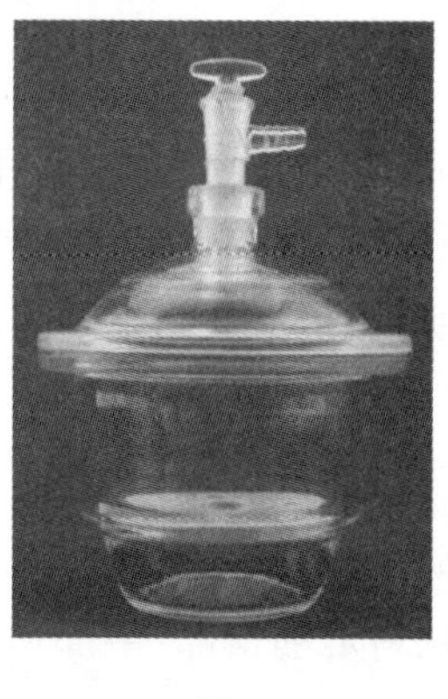

(b)

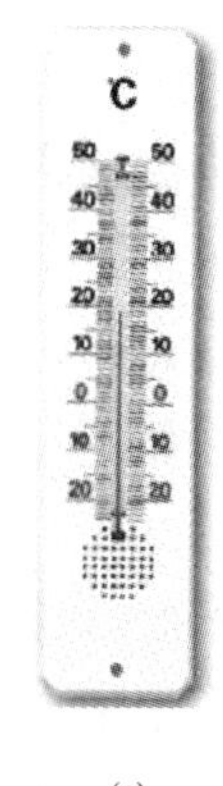

(c)

图 2－5　其他仪器设备

(a)量筒；(b)干燥器；(c)温度计

将水泥用筛子除去筛余物，放到105～110℃的烘箱(见图2－4)中，烘至恒重，再放入干燥器(见图2－5)中冷却至室温。

2.试验过程

1)在李氏瓶中注入与试样不起反应的液体至凸颈下部，记下刻度数V_0(cm^3)。

2)用天平称取60～90 g试样，用漏斗和小勺小心地将试样慢慢送到李氏瓶内(不能大量倾倒，防止在李氏瓶喉部发生堵塞)，直至液面上升至接近20 cm^{3}为止。再称取未注入瓶内剩余试样的质量，计算出送入瓶中试样的质量m(g)。

3)用瓶内的液体将黏附在瓶颈和瓶壁的试样洗入，转动李氏瓶使液体中的气泡排出，记下液面刻度V_1(cm^3)。

4)用注入试样后的李氏瓶中的液面读数V_1减去未注入前的读数V_0，得到试样的密实体积V(cm^3)。

3.试验结果计算

材料的密度按下式计算(精确至小数后第二位)：

$$\rho=\frac{m}{V} \tag{2-4}$$

式中：ρ——材料的密度，g/cm^3；

m——装入瓶中试样的质量，g；

V——装入瓶中试样的绝对体积，cm^3。其中，$V=V_1-V_0$。

按规定，用两个试样进行密度试验，以其计算结果的算术平均值作为最后结果，但两个结果之差不应超过0.02 cm^3。

2.2.2 表观密度试验(排水法)

1.取样要求

1)在料堆上取砂样时，取样部位应均匀分布。取样前先将取样部位表层铲除，然后从不同部位抽取大致等量的8份砂样，组成一组样品。将所取试样置于平板上，在潮湿状态下拌和均匀，并堆成厚度约为20 mm的圆饼，然后沿互相垂直的两条直径把圆饼分成大致相等的4份，取其中对角线的2份重新拌匀，再堆成圆饼。重复上述过程，直至把样品缩分到试验所需的量为止。

2)在料堆上取石样时，取样部位应均匀分布。取样前先将取样部位表层铲平，然后从不同部位抽取大致等量的石子15份(从料堆的顶部、中部和底部均匀分布的15个不同部位取得)组成一组样品。试样也进行缩分。

3)将缩分至660 g左右的试样，在温度为(105±5)℃的烘箱中烘干至恒量，待冷却至室温后，分成大致相等的2份备用。

2.试验仪器

天平(称量为 1 000 g,感量为 1 g);容量瓶(500 mL);烧杯(500 mL);试验筛(孔径为 4.75 mm);干燥器、烘箱[能将温度控制在(105±5)℃]、铝制料勺、温度计、带盖容器、搪瓷盘、刷子和毛巾;等等。

3.试验过程

1)称取烘干试样 $m_0=300$ g,精确至 1 g。将试样装入容量瓶,注入冷开水至接近 500 mL 刻度处,用手摇动容量瓶,使砂样充分摇动,排出气泡,塞紧瓶盖,静置 24 h。

2)用滴管小心加水至容量瓶 500 mL 刻度处,塞紧瓶塞,擦干瓶外水分,称出其质量 m_1,精确至 1 g。

3)倒出瓶内的水和试样,洗净容量瓶,再向瓶内注入水温相差不超过 2℃ 的冷开水至 500 mL刻度处。塞紧瓶塞,擦干瓶外水分,称其质量 m_2,精确至 1 g。

4.结果评定

1)砂的表观密度 ρ_0 按下式计算(精确至 10 kg/m³):

$$\rho_0=(\frac{m_0}{m_0+m_2-m_1})\times 100\% \tag{2-5}$$

式中:m_0——试样的烘干质量,g;

m_1——试样、水及容量瓶总质量,g;

m_2——水及容量瓶总质量,g。

2)砂的表观密度均以两次试验结果的算术平均值作为测定值,精确至 10 kg/m³;当两次试验结果之差大于 20 kg/m³时,应重新取样进行试验。

2.2.3　表观密度试验(广口瓶法)

石子的表观密度是指不包括颗粒之间的空隙在内,但却包括颗粒内部孔隙在内的单位体积的质量。石子的表观密度与石子的矿物成分有关。通过测定石子的表观密度,可以评估石子的质量,同时也是计算空隙率和进行混凝土配合比设计的必要数据之一,此法可用于最大粒径不大于 37.5 mm 的卵石或碎石。

对于石子这一类材料,其表观密度的测定除采用排水法外,也可采用广口瓶法。

1.主要仪器设备

1)天平。最大称量为 2 kg,感量为 1 g。

2)广口瓶。容积为 1 000 mL,磨口并带有玻璃片。

3)筛(孔径为 4.75 mm)、烘箱、搪瓷盘、毛巾和温度计等。

2.试样的制备

按规定取样,并缩分至略大于表 2－1 规定的数值,风干后筛除粒径小于 4.75 mm 的颗粒,然后洗刷干净,分为大致相等的两份备用。

表 2-1 表观密度试验所需最少试样质量

最大粒径/mm	26.5	31.5	37.5
最少试样质量/kg	2.0	3.0	4.0

3.试验步骤

1)将试样浸水饱和后,装入广口瓶中。装试样时,广口瓶应倾斜放置,注入饮用水,用玻璃片覆盖瓶口,用上下左右摇晃的方法排除气泡。

2)排尽气泡后,向瓶中添加饮用水,直至水面凸出瓶口边缘。然后用玻璃片沿瓶口迅速滑行,使其紧贴瓶口水面。擦干瓶外水分后,称出试样、水、瓶和玻璃片的总质量,精确至 1 g。

3)将瓶中试样倒入搪瓷盘,放入烘箱中于(105±5)℃下烘干至恒量,待冷却至室温后,称出其质量,精确至 1 g。

4)将瓶洗净并重新注入饮用水,将玻璃片紧贴瓶口水面,擦干瓶外水分后,称出水、瓶和玻璃片总质量,精确至 1 g。

4.结果评定

测定表观密度时,取两次试验结果的算术平均值,精确至 10 kg/m³,试验数据统计见表 2-2。如两次试验结果之差大于 20 kg/m³,须重新试验。对于颗粒材质不均匀的试样,如两次试验结果之差超过 20 kg/m³,可取 4 次试验结果的算术平均值。

表 2-2 表观密度测定试验报告

<table>
<tr><td colspan="6">表观密度测定</td></tr>
<tr><td colspan="2">试验日期</td><td></td><td colspan="2">试验室温度 T/℃</td><td></td></tr>
<tr><td>试验次数</td><td>试样质量 m_0/g</td><td>水、试样、瓶、玻璃片总质量 m_1/g</td><td>水、瓶、玻璃片总质量 m_2/g</td><td>表观密度/(g・cm^{-3})</td><td>平均表观密度/(g・cm^{-3})</td></tr>
<tr><td></td><td></td><td></td><td></td><td></td><td rowspan="3"></td></tr>
<tr><td></td><td></td><td></td><td></td><td></td></tr>
<tr><td></td><td></td><td></td><td></td><td></td></tr>
</table>

2.2.4 堆积密度试验(砂子)

1.主要仪器设备

烘箱[能将温度控制在(105±5)℃];天平(称量为 10 kg,感量为 1 g);容量筒(内径为 108 mm,净高为 109 mm,筒底厚约为 5 mm,容积为 1 L);方孔筛(孔径为 4.75 mm);垫棒(直径为 10 mm,长为 500 mm 的圆钢);直尺、漏斗(见图 2-6)或铝制料勺、搪瓷盘和毛刷;等等。

(a)

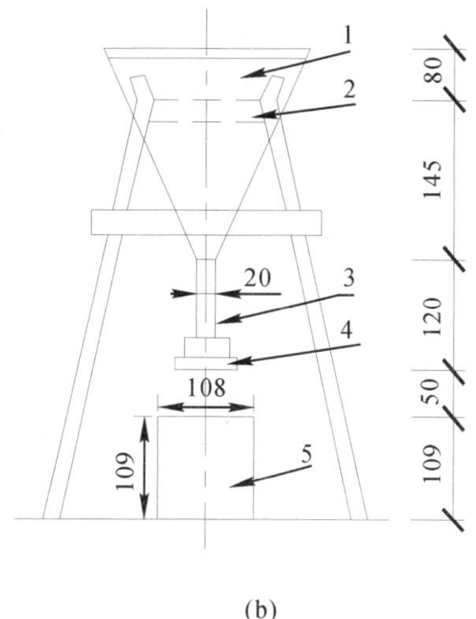

(b)

图 2-6　标准漏斗

(a)实物;(b)结构(单位:mm)

1—漏斗;2—筛;3—ϕ20 管子;4—活动门;5—金属量筒

2.试样制备

用搪瓷盘装取试样(约 3 L),放在烘箱中于温度为(105±5)℃下烘干至恒量,待冷却至室温后,筛除粒径大于 4.75 mm 的颗粒,分成大致相等的两份备用。

3.试验步骤

1)松散堆积密度。取试样 1 份,砂用漏斗或铝制料勺,用漏斗或料勺将试样从容量筒中心上方 50 mm 处徐徐倒入,让试样以自由落体落下,当容量筒上部试样呈锥体,且容量筒四周溢满时,即停止加料。然后用直尺沿筒口中心线向两边刮平(在试验过程中应防止触动容量筒),称出试样和容量筒总质量 m_2,精确至 1 g。倒出试样,称取空容量筒质量 m_1,精确至 1 g。

2)紧密堆积密度。取试样 1 份,分两次装入容量筒。装完第一层后,在筒底垫放 1 根垫棒,左右交替击地面各 25 次。然后装入第二层。第二层装满后用同样方法颠实(但筒底垫棒的方向与第一层垫棒的方向垂直),加试样直至超过筒口,然后用直尺沿筒口中心线向两边刮平,称出试样和容量筒总质量 m_2,精确至 1 g。

3)容量筒容积的校正方法。以温度为(20±2)℃的饮用水装满容量筒,用玻璃板沿筒口滑移,使其紧贴水面。擦干筒外壁水分,然后称出其质量,砂容量筒精确至 1 g,石子容量筒精确至 10 g。用下式计算筒的容积(精确至 1 mL):

$$V=m_2'-m_1' \tag{2-6}$$

式中:m_2'——容量筒、玻璃板和水的总质量,g;

m_1'——空容量筒和玻璃板的质量,g;

V——筒的容积,mL。

4.结果评定

1)松散堆积密度 ρ_0' 和紧密堆积密度 ρ_1' 按下式计算(kg/m³,精确至 10 kg/m³)。

$$\rho_0'(\rho_1')=\frac{m_2-m_1}{V}\times 1\,000 \tag{2-7}$$

式中:m_2——试样和容量筒总质量,kg;

m_1——容量筒质量,kg;

V——容量筒的容积,L。

以两次试验结果的算术平均值作为测定值。

2)松散堆积密度空隙率 P' 和紧密堆积密度空隙率 P_1' 按下式计算(精确至 1%):

$$\left.\begin{aligned} P' &= (1-\frac{\rho_0'}{\rho_1})\times 100\% \\ P_1' &= (1-\frac{\rho_1'}{\rho'})\times 100\% \end{aligned}\right\} \tag{2-8}$$

式中:ρ_0'——松散堆积密度,kg/m³;

ρ_1'——紧密堆积密度,kg/m³;

ρ'——表观密度,kg/m³。

2.2.5 堆积密度试验(石子)

测定干燥石子堆积密度并计算空隙率,以评定石子质量的好坏。同时,石子的堆积密度也是混凝土配合比设计必需的重要数据之一。

1.仪器设备

1)台秤:称量为 10 kg,感量为 10 g。

2)磅秤:最大称量为 50 kg 或 100 kg,感量为 50 g。

3)容量筒:容量筒的规格要求见表 2-3。容量筒应先校正体积,将温度为(20±2)℃的饮用水装满容量筒,用玻璃板沿筒口滑移,使其紧贴水面并擦干筒外壁水分,然后称出其质量,精确至 10 g。用下式计算容积:

$$\begin{aligned} V &= (G_1-G_2)/\rho_w \\ &= G_1-G_2 \end{aligned} \tag{2-9}$$

式中:V——容量筒容积,mL;

G_1——容量筒、玻璃板和水的总质量,g;

G_2——容量筒和玻璃板质量,g。

表 2-3 容量筒的规格要求

最大粒径/mm	容量筒容积/L	容量筒规格		
		内径/mm	净高/mm	壁厚/mm
9.5,16.0,19.0,26.5	10	208	294	2
31.5,37.5	20	294	294	3
53.0,63.0,75.0	30	360	294	4

4)直尺、小铲等。

2.试样的制备

按规定取样。试样烘干或风干后,拌匀并分为大致相等的两份备用。堆积密度试验取样质量见表 2-4。

表 2-4　堆积密度试验取样质量

石子最大粒径/mm	取样质量/kg
9.5,16.0,19.0,26.5	40
31.5,37.5	80
63.0,75.0	120

3.试验步骤

取试样一份,用小铲将试样从容量筒中心上方 50 mm 处徐徐倒入,让试样以自由落体落下,当容量筒上部试样呈锥体,且容量筒四周溢满时,即停止加料。除去凸出容量筒表面的颗粒,并以合适的颗粒填入凹陷部分,使表面稍凸起部分和凹陷部分的体积大致相等,称出试样和容量筒的总质量,精确至 10 g。

4.试验结果

堆积密度取两次试验结果的算术平均值,精确至 10 kg/m^3。空隙率取两次试验结果的算术平均值,精确至 1%,材料堆积密度试验数据统计见表 2-5。

表 2-5　材料堆积密度试验数据统计

试验日期及温度				
编　号	空容量筒质量 m_1/g	试样和容量筒总质量 m_2/g	量筒体积 V/cm^3	材料堆积密度
1				
2				

2.3　材料与水有关的性质

2.3.1　吸湿性

材料在潮湿空气中吸收水分的性质,称为吸湿性。用含水率 W_h 表示,按下式计算:

$$W_h=\frac{m_h-m}{m}\times 100\% \tag{2-10}$$

式中：W_h——材料含水率，%；

m_h——材料吸湿状态下的质量，g 或 kg；

m——材料干燥状态下的质量，g 或 kg。

材料的含水率随环境的温度和湿度变化发生相应的变化，在环境湿度增大、温度降低时，材料含水率变大，反之变小。材料中所含水分与所对应的环境温度、湿度相平衡时，其含水率称为平衡含水率。

2.3.2 吸水性

材料的吸水性是指材料在水中吸收水分的性质。材料的吸水性用质量吸水率 W_m 和体积吸水率表示。质量吸水率是指材料吸水饱和时，吸收的水分质量占材料干燥时质量的百分比，体积吸水率是指材料吸水饱和时，所吸水分体积占材料干燥状态时体积的百分比，按下式计算：

$$W_m=\frac{m_1-m}{m}\times 100\% \tag{2-11}$$

式中：W_m——材料的质量吸水率；

m——材料干燥状态下的质量，g 或 kg；

m_1——材料吸水饱和状态下的质量，g 或 kg。

2.4 石子吸水率试验

1）将石子试件加工成直径和高均为 50 mm 的圆柱体或边长为 50 mm 的立方体试件；如采用不规则试件，其边长不小于 40～60 mm，每组试件至少取 3 个，对石质组织不均匀者，每组试件取不少于 5 个。用毛刷将试件洗刷干净并编号。

2）将试件置于烘箱中，以(100±5)℃的温度烘干至恒重。在干燥器中冷却至室温后以天平称其质量 m(g)，精确至 0.01 g(下同)。

3）将试件放在盛水容器中，可在容器底部放些垫条，如玻璃管或玻璃杆，使试件底面与盆底不致紧贴，水能够自由进入。

4）加水至试件高度的 1/4 处，以后每隔 2 h 分别加水至高度的 1/2 和 3/4 处，6 h 后将水加至高出试件顶面 20 mm 以上，再放置 48 h 让其自由吸水。这样逐次加水，能使试件孔隙中的空气逐渐逸出。

5）取出试件，用湿纱布擦去表面水分，立即称其质量 m_1(g)。

6）按下式计算石子吸水率(精确至 0.01%)：

$$W_m=\frac{m_1-m}{m}\times 100\% \tag{2-12}$$

式中：W_m——石子吸水率，%；

m——烘干至恒重时试件的质量，g；

m_1——吸水至恒重时试件的质量，g。

7）对于组织均匀的试件，取 3 个试件试验结果的平均值作为测定值；对于组织不均匀的试件，则取 5 个试件试验结果的平均值作为测定值。材料吸水率试验数据见表 2－6。

表 2－6　材料吸水率试验数据

<table>
<tr><td colspan="4">试验日期及温度</td><td></td></tr>
<tr><td>编号</td><td>试件材料干燥质量 m/g</td><td>试样吸水至恒重时试件的质量 m_1/g</td><td>质量吸水率/(%)</td><td>平均质量吸水率/(%)</td></tr>
<tr><td>1</td><td></td><td></td><td></td><td rowspan="3"></td></tr>
<tr><td>2</td><td></td><td></td><td></td></tr>
<tr><td>3</td><td></td><td></td><td></td></tr>
</table>

课后思考题

1)进行砂、石的堆积密度试验时，为什么对装填高度有一定的限制？

2)测定砂、石密度试验的注意事项有哪些？如何提高测量结果的准确性？

第3章 水泥试验

水泥是水硬性胶凝材料。粉末状的水泥与水混合成可塑性浆体，在常温下经过一系列的物理化学作用后，逐渐凝结硬化成坚硬的水泥石状体，并能将散粒状(或块状)材料黏结成整体。水泥浆体的硬化不仅能在空气中进行，还能更好地在水中保持并继续增强其强度，故称之为水硬性胶凝材料。

水泥是国民经济建设的重要材料之一，是制造混凝土、钢筋混凝土、预应力混凝土构件的最基本的组成材料，也是配制砂浆、灌浆材料的重要组成部分，广泛用于建筑、交通、电力、水利以及国防建设等工程，素有“建筑业的粮食”之称。

随着基本建设发展的需要，水泥品种越来越多，按其主要水硬性矿物名称分类，水泥可分为硅酸盐系水泥、铝酸盐系水泥、硫酸盐系水泥、硫铝酸盐系水泥以及磷酸盐系水泥等。按其用途和性能，又可分为通用水泥、专用水泥和特性水泥三大类。

在水泥的诸多系列品种中，硅酸盐水泥系列应用最广，该系列是以硅酸盐水泥熟料、适量的石膏及规定的混合材料制成的水硬性胶凝材料。按其所掺混合材料的种类及数量不同，硅酸盐水泥系列又分为硅酸盐水泥、普通硅酸盐水泥(简称“普通水泥”)、火山灰质硅酸盐水泥(简称“火山灰水泥”)、矿渣硅酸盐水泥(简称“矿渣水泥”)、粉煤灰硅酸盐水泥(简称“粉煤灰水泥”)及复合硅酸盐水泥(简称“复合水泥”)等，统称为六大通用水泥。

专用水泥是指有专门用途的水泥，如砌筑水泥、道路水泥、大坝水泥和油井水泥等。特性水泥是指其某种性能比较突出的一类水泥，如快硬硅酸盐水泥、快凝硅酸盐水泥、抗硫酸盐硅酸盐水泥、白色及彩色硅酸盐水泥以及膨胀水泥等。

3.1 水泥细度检验

水泥细度直接影响水泥的凝结时间、强度和水化热等技术性质，因此测定水泥的细度是否达到规范要求，对工程具有重要意义。水泥细度的检测方法有负压筛法、水筛法和干筛法。水泥细度以 0.08 mm 方孔筛上筛余物的质量占试样原始质量的百分比表示，并以一次的测定值作为试验结果。如果有争议，以负压筛法为准。

1.主要仪器

负压筛析仪；天平：最大称量为 100 g，感量为 0.05 g。

2.试验步骤及试验结果处理

1)进行筛析试验前,将负压筛放在筛座上,盖上筛盖,接通电源,检查控制系统,调节负压至4 000～6 000 Pa范围内。

2)称量试样25 g,置于洁净的负压筛中,盖上筛盖,放在筛座上,开动筛析仪连续筛析2 min,筛析过程中如有试样附着在筛盖上,可轻轻敲使筛试样落下。

3)筛毕,用天平称量筛余物(精确到0.05 g),计算筛余百分数,结果精确至0.1%。

3.2 水泥标准稠度用水量测定

水泥加水后,水泥颗粒被水包围,熟料矿物颗粒表面立即与水发生化学反应,生成水化产物,并放出一定的能量。硅酸盐水泥与水作用后,产生的主要水化产物有水化硅酸钙、水化铁酸钙凝胶体、氢氧化钙、水化铝酸钙和水化硫铝酸钙晶体。

水泥加水拌和后的剧烈水化反应,一方面,使水泥浆中起润滑作用的自由水分逐渐减少,另一方面,水化产物在溶液中很快达到饱和或过饱和状态而不断析出,水泥颗粒表面的新生物厚度逐渐增大,使水泥浆中固体颗粒间的间距逐渐减小,越来越多的颗粒相互连接,形成了骨架结构。此时,水泥浆便开始慢慢失去可塑性,表现为水泥的初凝。

在水化后期,新生成的水化产物的压力和水泥颗粒的凝胶薄膜破裂,使水进入未水化水泥颗粒的表面,水化反应继续进行,生成更多的水化产物——水化硅酸钙凝胶、氢氧化钙、水化铝酸钙晶体、水化硫铝酸钙晶体和水化铁酸钙凝胶等。这些水化产物之间相互交叉连接,不断密实,固体之间的空隙不断减小,网状结构不断加强,结构逐渐紧密,使水泥浆完全失去可塑性——终凝。随后水泥浆的强度明显提升并逐渐变成坚硬的人造石——水泥石,这一过程称为水泥的"硬化"。

水泥凝结硬化过程见图3-1。

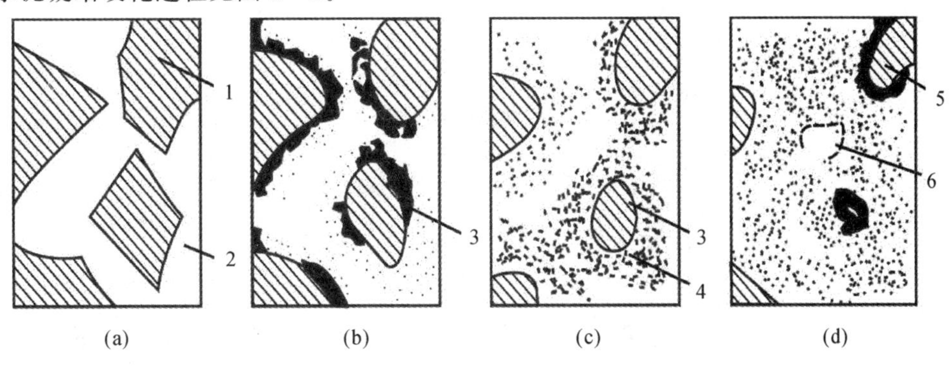

图3-1 水泥凝结硬化过程示意图

(a)分散在水中未水化的水泥颗粒;(b)在水泥颗粒表面形成水化物膜层;

(c)膜层长大并互相连接(凝结);(d)水化物进一步发展,填充毛细孔(硬化)

1—水泥颗粒;2—水分;3—凝胶;4—晶体;5—水泥颗粒的未水化内核;6—毛细孔

国家标准规定,水泥的凝结时间以标准稠度的水泥净浆,在规定温度及湿度环境下,用水泥净浆凝结时间测定仪测定,以试针沉入水泥标准稠度净浆至一定深度所需的时间表示。

3.2.1 试验仪器

1.标准法维卡仪

标准稠度测定用试杆由有效长度为(50±1)mm 的圆柱形耐用腐蚀金属制成,水泥标准稠度(维卡)仪见图 3-2。试针是由钢制成的圆柱体,其有效长度:初凝针为(50±1)mm、终凝针为(30±1)mm、直径为(1.13±0.05)mm。滑动部分的总质量为(300±0.05)g。与试杆、试针连接的滑动杆表面应光滑,能靠重力自由下落,不得有松动现象。水泥稠度试验所用试针尺寸如图 3-3 所示。

盛装水泥净浆的试模应由耐腐蚀的、有足够硬度的金属制成。试模为深为(40±0.2)mm、顶内径为(65±0.5)mm、底内径为(75±0.5)mm 的截面圆锥体,每只试模应配备一个大于试模、厚度大于或等于 2.5 mm 的平板玻璃底板。

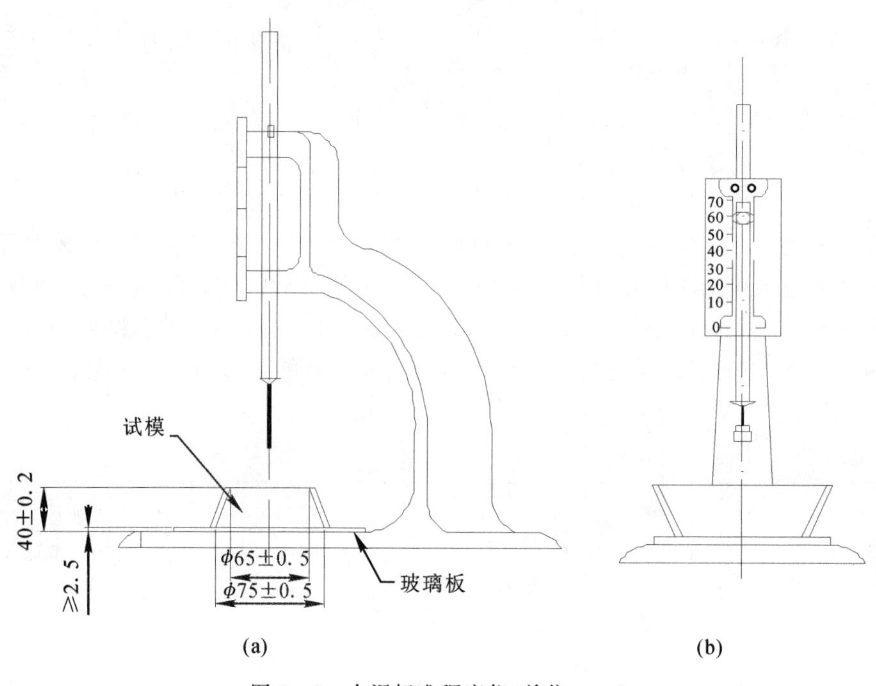

图 3-2 水泥标准稠度仪(单位:mm)

(a)侧视图;(b)正视图

仪器的主体由支架和底座连接而成,支架上部加工有两个同心直径为 12 mm 的光滑孔,保证滑动部分在测试过程中能垂直下降。

标准稠度测定用试杆的有效长度为(50±1)mm,直径为 Φ(10±0.05)mm,测定凝结时间用试针其效长度:初凝针为(50±1)mm,终凝针为(30±1)mm。试针直径为(1.13±0.05)mm,盛装水泥用的圆锥体试模深为(40±0.2)mm,顶内径为 Φ(65±0.3)mm,底内径为 Φ(75±0.5)mm,试模配备一个厚度大于 2.5 mm 的平板玻璃底板,滑动部分在维卡仪支架孔中能靠重力自由下落,不得有紧涩、松动现象。

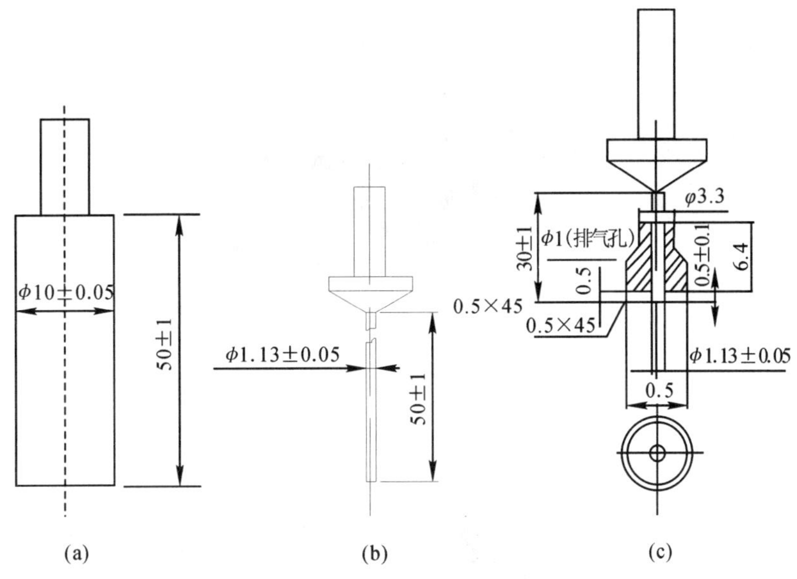

图 3-3　水泥稠度试验所用试针尺寸(单位:mm)
(a)标准稠度试杆;(b)初凝用试针;(c)终凝用试针

2.水泥净浆搅拌机

水泥净浆搅拌机(见图 3-4)的主要技术参数如下:

搅拌锅:内径为(160±1)mm,深度为(139±2)mm;搅拌叶片:总长度为(165±1)mm,有效长度为(110±2)mm;总宽度为(111.0±1)mm,外沿直径为 5.0~6.5 mm;搅拌叶片与搅拌锅的工作间隙为(2±1)mm;拌和一次的自动控制程序:低速为(120±3)s,停为(15±1)s,高速为(120±3)s。

搅拌叶片低速自转、公转与高速自转、公转的转速应符合下列规定:

低速:自转转速为(140±5)r/min,公转转速为(125±5)r/min。高速:自转转速为(285±10)r/min,公转转速为(125±10)r/min。

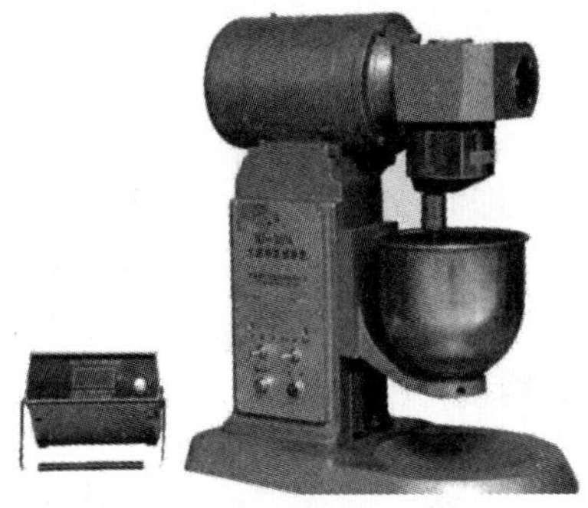

图 3-4　水泥净浆搅拌机

3.电子天平

电子天平(见图 3-5)的最大称量不小于 1 000 g,分度值不小于 1 g。

图 3-5　电子天平

4.滴管和量筒

滴管和量筒(见图 3-6)的精度为±0.5 mL。

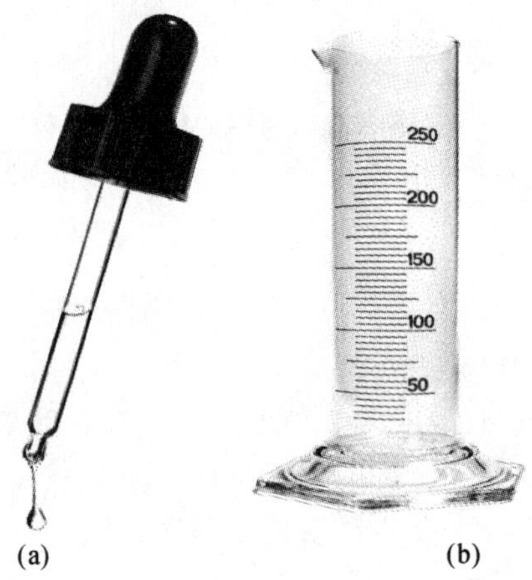

(a)　　(b)

图 3-6　滴管及量筒
(a)滴管;(b)量筒

3.2.2　试验方法

1.标准法

1)使用前需将滑动部分注入少许润滑油,并检查是否能上下自由滑动。

2)用湿布擦拭水泥净浆搅拌机后,根据经验预判搅拌水量,测量准确后加入搅拌锅内,再加入称量好的 500 g 标准质量水泥,在加入过程中要防止水和水泥溅出。将搅拌锅放置在仪器的指定位置,启动机器,首先低速搅拌 120 s,停 15 s,同时将叶片和锅壁上的水泥浆刮入锅内,防止溅出,接着高速搅拌 120 s 后停机,准备进行下一步试验。使用水泥净浆搅拌机时要注意以下几点:

(a)开机前检查交流电源电压,选择“手动”或“自动”开关。确保机器运行正常,方可正常投入使用。其操作顺序为:三位开关打在“停止”位置,“程控/手动”开关打在“程控”位置,“工作/停止”开关打在“停止”位置,然后接通电源。

(b)将程控器件预热 20 s(每次从“手动”到“程控”工作时必须这样。)

(c)把“工作/停止”开关打到“工作”位置。按动“启动”按钮开始工作。

(d)将拌和水倒入搅拌锅内，然后在5～10 s内将称好的500 g水泥加入水中，防止水和水泥溅出；

(e)将锅放在搅拌机的锅座上，升至搅拌位置；将扭子开关拔至自动程控位置，即自动完成一次“慢转—停—快转”程序，低速搅拌120 s，停15 s(同时将叶片和锅壁上的水泥浆刮入锅中间)，接着高速搅拌120 s，停机；

(f)试验完毕后，关闭电源，将设备上的净浆清理干净。

3)将拌制好的水泥净浆装入已置于玻璃底板上的试模中，用小刀插捣，轻轻振动数次，刮去多余的净浆，抹平后迅速将试模和底板移到维卡仪上，并将其中心定在试杆下，降低试杆直至与水泥净浆表面接触。拧紧螺丝后，突然放松，使试杆垂直自由地沉入水泥净浆中。在试杆停止沉入或释放试杆30 s时记录试杆距底板之间的距离。升起试杆后，立即擦净，整个操作应在搅拌后1.5 min内完成。以试杆沉入净浆并距离底板(6±1)mm的水泥净浆为标准稠度净浆。其拌和水量为该水泥的标准稠度用水量(P)，按水泥质量的百分比计，其中P的计算公式如下：

$$P=\frac{W}{500}\times 100\% \tag{3-1}$$

如试锥下沉的深度超过上述值，应根据试验情况重新称量，调整用水量，重新拌制净浆并进行测定，直到满足要求为止。水泥标准稠度用水量测定(标准法)试验报告见表3-1。

表3-1　水泥标准稠度用水量测定(标准法)试验报告

水泥标准稠度用水量测定(标准法)试验报告				
试验日期				
试验次数	试样质量 m/g	用水量 W/g	试件沉入净浆距底板的距离/mm	标准稠度用水量 P/(%)
1				
2				
3				

2.不变水量法

1)标准稠度用水量可用调整水量和不变水量两种方法中的任一种测定，如有争议时，以调整水量方法为准。采用调整水量法时拌和水量按经验确定，采用不变水量法时，拌和水量为142.5 mL，水量准确至0.5 mL。

2)试验前需检查仪器项目：仪器金属棒应能自由滑动；试锥降至锥模顶面位置时，指针应对准标尺零点；搅拌机应运转正常等。

3)水泥净浆拌制。

4)标准稠度用水量测定。

(a)拌和结束后，立即将拌好的净浆装入锥模内，用小刀插捣，振动数次后，刮去多余净浆，抹平后迅速放到试锥下面的固定位置上。将试锥降至净浆表面，拧紧螺丝1～2 s后，突然放松，使试锥垂直、自由沉入净浆中，到试锥停止下沉或释放试锥30 s时记录试锥下沉深度。整个操作应在搅拌后 1.5 min 内完成。

(b)用调整水量法测定时,以试锥下沉深度为(28±2)mm 时的净浆为标准稠度净浆。其拌和水量为该水泥的标准稠度用水量 P,按水泥质量的百分比计。如下沉深度超出范围,须另称试样,调整水量,重新试验,直到达到(28±2)mm 时为止。

(c)用不变水量法测定时,根据测得的试锥下沉深度 S(mm),按下式计算标准稠度用水量 P(%),也可从仪器上对应标尺读出。

$$P=33.4-0.185S \tag{3-2}$$

当试锥下沉深度小于 13 mm 时,应改用调整水量方法测定。

3.3 水泥凝结时间测定

3.3.1 试验仪器

1.标准法维卡仪

标准法维卡仪:测定水泥凝结时间时,需取下长度为(50±1)mm、直径为(10±0.5)mm 的圆柱试杆,用试针替代。其中初凝用试针由钢做成,有效长度为(50±1)mm、直径为(1.13±0.5)mm;终凝用试针有效长度为(30±1)mm、直径为(1.13±0.5)mm。与试杆联结的滑动杆表面应光滑,能靠重力自由下落,不得有紧涩和松动现象。

2.水泥净浆搅拌机

测定凝结时间时,水泥净浆搅拌机基本操作同测定标准稠度相同。

3.天平

天平的最大称量 1 000 g,分度值不大于 1 g。

4.滴管和量筒

3.3.2 初凝试验过程

1)记录水泥全部加入水中到初凝状态的时间作为初凝时间,用“min”计。

2)试件在湿气养护箱中养护至加水后 30 min 时进行第一次测定。测定时,从湿气养护箱中取出试模放到试针下,避免试针与水泥净浆表面接触。拧紧螺丝 1~2 s 后,突然放松,使试杆垂直、自由地沉入水泥净浆中。观察试针停止沉入或释放试针 30 s 时的指针的读数。

3)临近初凝时,每隔 5 min 测定一次。当试针沉至距底板(4±1)mm 时,水泥达到初凝状态。

4)水泥初凝时,应立即重复测一次,当两次结论相同时才能确定为达到初凝状态。

3.3.3 终凝试验过程

1)水泥全部加入水中至达到终凝状态的时间作为终凝时间,用“min”计。

2)为了准确观察试件沉入的状况,在终凝针上安装一个环形附件。在完成初凝时间测定后,立即将试模连同浆体以平移的方式从底板下翻转180°,直径大端向上、直径小端向下放在底板上,再放入湿气养护箱中继续养护。

3)临近终凝时间时每隔15 min测定一次,当试针沉入试件0.5 mm时,即环形附件开始不能在试件上留下痕迹时,水泥达到终凝状态。

4)预达到终凝时,应立即重复测一次,当两次结论相同时才能确定为达到终凝状态。

5)测定时应注意,在最初测定的操作时应轻轻扶持金属柱,使其徐徐下降,以防止试针撞弯,但结果以自由下落为准;在整个测试过程中试针沉入的位置至少应距试模内壁10 mm。每次测定都不能让试针落入原针孔,每次测试完毕应将试针擦净并将试模放回湿气养护箱内,在整个测试过程中要防止试模振动。

水泥初凝和终凝试验报告见表3-2。

表3-2 水泥初凝和终凝试验报告

<table>
<tr><td colspan="6">水泥初凝和终凝试验报告</td></tr>
<tr><td colspan="2">试验日期</td><td colspan="4"></td></tr>
<tr><td>标准稠度用水量/(%)</td><td>加水拌和的时间/min</td><td>测定的时间/min</td><td>试件插入试体的深度/mm</td><td>初凝时间/min</td><td>终凝时间/min</td></tr>
<tr><td rowspan="6"></td><td rowspan="6"></td><td></td><td></td><td rowspan="6"></td><td rowspan="6"></td></tr>
<tr><td></td><td></td></tr>
<tr><td></td><td></td></tr>
<tr><td></td><td></td></tr>
<tr><td></td><td></td></tr>
<tr><td></td><td></td></tr>
</table>

3.4 水泥安定性试验

3.4.1 试验目的

水泥加水后在硬化过程中,一般都会发生体积变化,如果这种变化是在熟料矿物水化过程中发生的均匀体积变化,或伴随着水泥石凝结硬化过程进行,则对建筑物质量无不良影响。但如果因水泥中某些有害成分的影响,水泥、混凝土已硬化后,在水泥石内部产生剧烈的不均匀体积变化,则在建筑物内部会产生破坏应力,导致建筑物强度下降。若破坏应力超过建筑物强度,就会引起建筑物开裂、崩溃、倒塌等严重质量事故。反映水泥凝结硬化后体积变化均匀性物理性质的指标,称为水泥的体积安定性,简称“安定性”。

安定性是指水泥在凝结硬化过程中体积变化的均匀性,水泥熟料中游离氧化钙和游离氧化镁过多及石膏过量是造成水泥安定性不良的主要因素,因此测定水泥安定性十分必要。

3.4.2 试验仪器

1.沸煮箱

(1)基本结构

沸煮箱的实物和构造如图 3-7 所示。

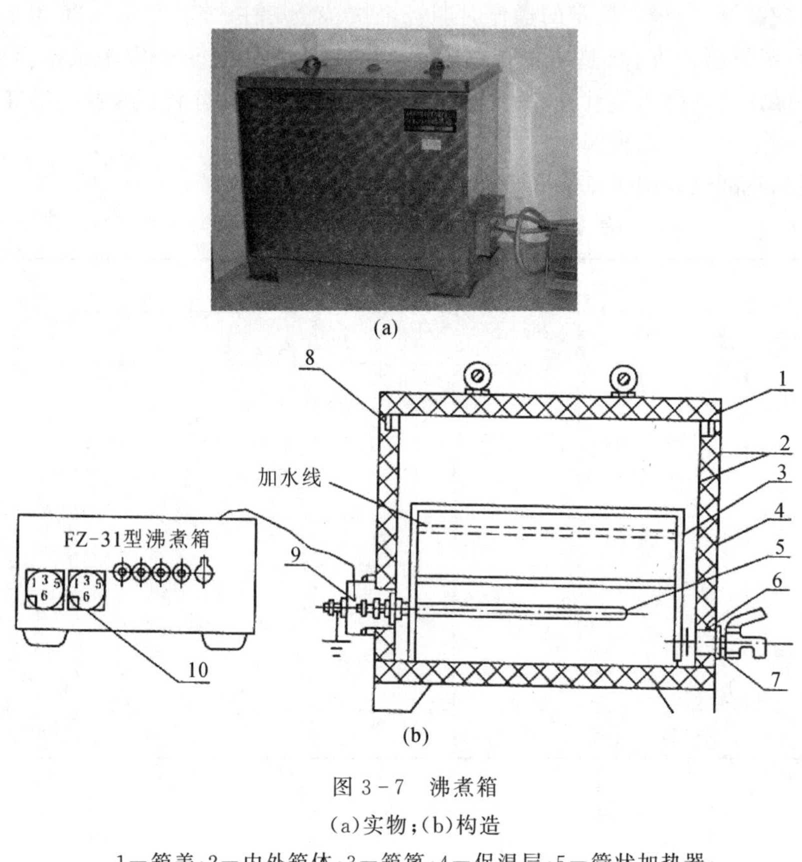

图 3-7 沸煮箱

(a)实物;(b)构造

1—箱盖;2—内外箱体;3—箱篦;4—保温层;5—管状加热器;

6—管接头;7—铜热水器;8—水封槽;9—罩壳;10—电气控制箱

(2)技术要求

最高沸煮温度为 100 ℃;煮沸名义容积为 31 L;升温时间为(20℃升至 100℃)(30±5)min,加热时间控制在 0~3.5 h 内;管状加热器功率为 4 kW/220 V(共 2 组,各为 1 kW 和 3 kW)。

(3)使用与维修

为了使试饼法与雷氏法可同时使用,以对比水泥安定性测定结果,特将篦板高度降低,使用时(包括只采用雷氏夹法),篦板务必置于试饼之上。

沸煮箱内必须加洁净淡水,因此久用后箱内可能积水垢,应定期清洗。加热前必须添加水至 180 mm 高度,以防加热器烧坏,加热完毕先切断电源,再排放箱内水,并经常除去积垢。

沸煮前,水封槽必须盛满水,在沸煮时起密封作用。箱体外壳必须可靠接地,以确保安全。调整时间继电器,限定时间必须在工作开关(按钮)合上前。搬迁设备时,切忌在水封槽框处用力。

2.雷氏夹

雷氏夹由铜质材料制成，其实物和构造如图3－8所示，一根指针的根部先悬挂在金属丝或尼龙丝上，另一根指针的根部再挂上300 g的砝码，两根指针的针尖距离应在(17.5±2.5)mm范围以内，去掉砝码针尖的距离，能恢复至挂砝码前的状态。

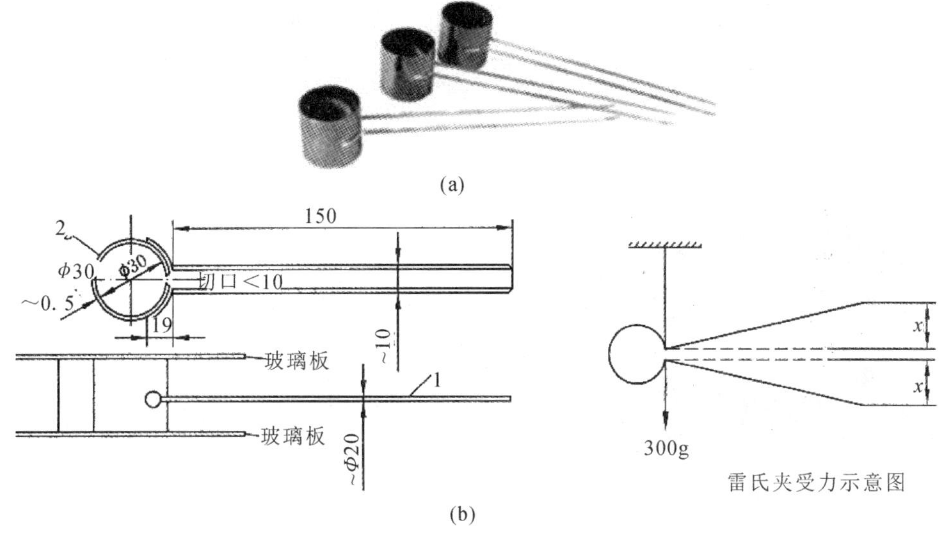

图3－8　雷氏夹

(a)实物；(b)构造(单位：mm)

1—指针；2—环模

3.雷氏夹膨胀值测定仪

雷氏夹膨胀值测定仪的实物和构造如图3－9所示。

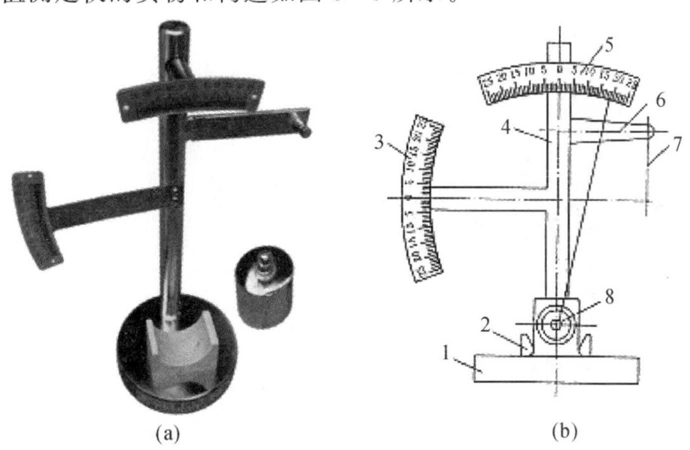

图3－9　雷氏夹膨胀值测定仪

(a)实物；(b)构造

1—底座；2—模子座；3—弹性标尺；4—立柱；5—测膨胀值标尺；6—悬臂；7—悬丝；8—弹簧顶钮

4.试模与测量顶头

水泥试模实物及构造如图 3－10 所示，宽与高均为 25 mm，长度为 280 mm。模板顶端设有安装测量顶头的小孔，小孔位置必须保证测量顶头在试体的中心线上。试模由不锈钢或其他硬质不锈蚀的金属材料制成，试体有效长度是指试体两端测量顶头内侧的长度，应为(250±2.5)mm。测量顶头伸入试体深度应为(15±1)mm。在例行检测中，允许用 10 mm×10 mm×60 mm 小试体，但当检测结果有争议时，以 25 mm×25 mm×250 mm 试体的检测结果为准。

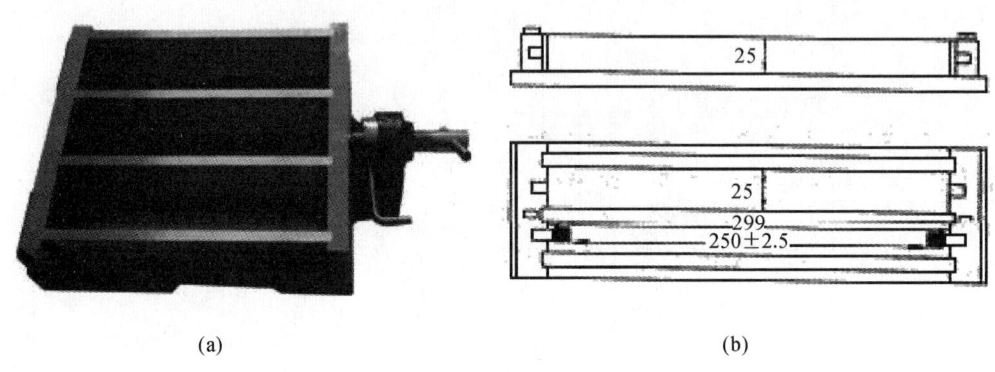

图 3－10　水泥试模

(a)实物；(b)构造(单位：mm)

5.长比仪

长比仪的百分表刻度值最小为 0.01 mm，量程 1 cm。长比仪的实物和构造如图 3－11 所示。

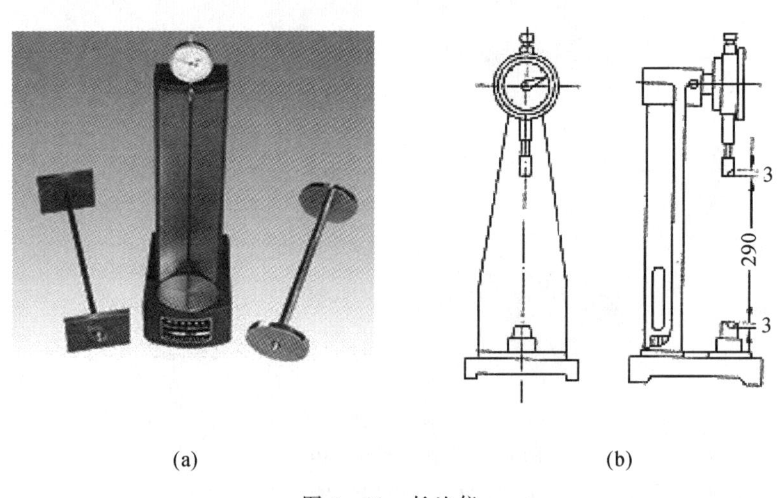

图 3－11　长比仪

(a)实物；(b)构造(单位：mm)

6.捣棒

捣棒用金属材料制成,受压面尺寸为23 mm×23 mm。

7.拌和锅

拌和锅为半球形,内径为400 mm,高为100 mm,壁厚为2～3 mm。

8.拌和铲

拌和铲用钢板制成,直径为100 mm,厚为1 mm。

9.养护箱

除了上述试验仪器外,还需标准养护箱,如图3-12所示。

图3-12　标准养护箱

3.4.3　试验方法

1.雷氏夹(标准法)

1)准备两支弹性合格的雷氏夹,每个雷氏夹需配备两个边长或直径约为80 mm、厚度为4～5 mm的玻璃板。在与水泥净浆接触的玻璃板和雷氏夹表面稍稍涂上一层油。

2)将预先准备好的雷氏夹放在已稍擦油的玻璃板上,并立即将已制备好的标准稠度净浆一次装满雷氏夹,装浆时一只手轻轻扶持雷氏夹,另一只手用宽约25 mm的直边刀在浆体表面轻轻插3次,然后抹平,盖上稍涂油的玻璃板,编号后,接着立即将试件移至湿气养护箱内养护(24±2)h。

3)取出试件,脱去上、下两块玻璃板,将雷氏夹放在膨胀值测定仪上,测出雷氏夹指针尖端间的距离A,精确到0.5 mm。

4)将试件放入沸煮箱的试件架上,指针朝上,在(30±5)min内加热至沸腾并恒沸(180±5)min。

5)沸煮结束后,立即打开箱盖,待箱体冷却至室温,取出试件,在膨胀值测定仪上测量并记录雷氏夹指针尖端间距(C),精确到 0.5 mm。当两个试件煮沸后增加距离($C-A$)的平均值不大于 5.0 mm 时,即认为安定性合格,大于 5.0 mm 时,则认为安定性不合格。当两个试件的($C-A$)值相差大于 4.0 mm 时,应重新测定。详细判定过程见表 3-3。

表 3-3　详细判定过程

<table>
<tr><th>水泥编号</th><th>雷氏夹号</th><th>煮前指针距离 A/mm</th><th>煮后指针距离 C/mm</th><th>增加距离 (C−A)/mm</th><th>两个结果差值/mm</th><th>平均值/mm</th><th>结果判定</th></tr>
<tr><td rowspan="2"></td><td></td><td></td><td></td><td></td><td rowspan="2"></td><td rowspan="2"></td><td rowspan="2"></td></tr>
<tr><td></td><td></td><td></td><td></td></tr>
<tr><td rowspan="2"></td><td></td><td></td><td></td><td></td><td rowspan="2"></td><td rowspan="2"></td><td rowspan="2"></td></tr>
<tr><td></td><td></td><td></td><td></td></tr>
<tr><td rowspan="2"></td><td></td><td></td><td></td><td></td><td rowspan="2"></td><td rowspan="2"></td><td rowspan="2"></td></tr>
<tr><td></td><td></td><td></td><td></td></tr>
<tr><td rowspan="2"></td><td></td><td></td><td></td><td></td><td rowspan="2"></td><td rowspan="2"></td><td rowspan="2"></td></tr>
<tr><td></td><td></td><td></td><td></td></tr>
</table>

采用雷氏夹(标准法)需要的注意事项如下:

1)我国水泥厂生产的水泥其 f-CaO 含量高,水泥净浆在雷氏夹中沸煮后,雷氏夹膨胀值大(一般大于 20 mm),易损坏雷氏夹,这种情况下建议用试饼法进行日常生产控制,而出厂水泥可以用雷氏夹法进行安定性测定。

2)进行雷氏夹试件成形操作时,应用一只手轻轻扶持雷氏夹试模,即轻轻自下压住两根指针的焊点处,以使装浆时试模不产生移动。不能用手捏雷氏夹以免造成边缘重叠,成形插捣次数应按标准确定,插捣位置不能集中在试模中心,应均匀插到各个部位,插捣力量不能太大,只要能使净浆充满试模并排出气泡即可,一般小刀插到雷氏夹试模高度的 2/3 部位。插捣刮小刀平时必须保持洁净。刮平时,小刀要稍微倾斜,以使刮平面呈凹面,并由浆体中心向两边刮。

3)雷氏夹结构单薄,受力不当易产生变形,所以使用时应注意:脱模时用手给指针根部一个适当的力,使模型内的试块脱开而又不损害模型的弹性。脱模后应尽快用棉纱擦去雷氏夹试模黏附的水泥浆,顺着雷氏夹的圆环上下擦动,避免切口缝因受力不当而拉开。不能马上擦模时,可将雷氏夹浸在煤油中存放。

4)一般情况下,雷氏夹使用半年后应进行弹性检验,如果试验中发现膨胀值大于 40 mm 或有其他损害,应立即进行弹性检验,若符合要求则可以继续使用。

2.试饼法(代用法)

1)准备两块 100 mm×100 mm 的玻璃板,在与水泥净浆接触面上稍稍涂上一层油。

2)将按标准稠度用水量检验方法拌制好的净浆取一部分,分成两等份,使之呈球形,分别置于两块玻璃板上。轻轻振动玻璃板,并用湿布擦过的小刀由边缘向中央抹,做成直径为 70～80 mm、中心厚约 10 mm、边缘渐薄、表面光滑的试饼。试饼制作必须规范,直径过大或过小、边缘钝厚都会影响测定结果。

3)将成形的试饼编号后,立即放入养护箱内,养护(24±2)h。

4)从玻璃板上取下试饼,检查有无裂缝,如有应查找原因。应注意火山灰水泥可能产生干缩裂缝,矿渣水泥可能发生起皮。将经检查无裂缝的试饼放入沸煮箱水中的篦板上,在(30±5)min内煮沸,并维持(180±5)min,然后放水、开箱、冷却至室温。

5)取出试饼进行判定,目测试饼未发现裂缝,用钢直尺检查无弯曲(使钢直尺与试饼底部紧靠,以两者间不透光为不弯曲),则安定性合格;反之,出现崩溃、龟裂、疏松、弯曲为不合格。当两块试饼一块合格一块不合格时,则判定该水泥安定性为不合格。

采用试饼法(代用法)详细判定过程见表3-4。

表3-4 采用试饼法详细判定过程

项目	测定次数	沸煮前试件测定	沸煮后试件测定	结果判断
试饼法	1			
	2			
	平均值			

采用试饼法(代用法)判定的注意事项如下:

1)试饼制作必须规范,试饼应呈球体切片状而不应呈伞形,试饼直径过大或过小、边缘钝厚都会影响测定结果。

2)试饼沸煮前必须从玻璃板上取下。

3)用钢尺检查试饼弯曲变形时,应变换几个方位进行观察。

3.压蒸试验

1)准备好两套试模,并在模内壁涂上一薄层机油,将顶头装入试模两端小孔内,注意顶头不能沾油,以免水泥黏结不平而松动脱落。

2)称取水泥试样800 g,置于湿布擦过的拌和锅内,用拌和铲(湿布擦过)在水泥上划一小坑,按标准稠度需水量一次加入水(准确至0.5 mL),用水泥将坑覆盖,轻轻拌和后在不同方向翻动与挤压,拌和时间从加水算起5 min。

3)将拌好的水泥浆体分两层装试模。第一层装入试模高度的3/5,用小刀插实,顶头两侧多插实几次,后用23 mm×23 mm捣棒由顶头内侧开始,从一端向另一端依次捣压10次,往返共捣压20次。再装第二层,将浆体装满试模后,用小刀划匀,再用捣棒从一端向另一端依次捣压12次,往返24次,捣压不得冲击,要均匀,捣压完将剩余的浆体装到试模上,用刀抹平,置于湿气养护箱内,养护3~5 h后,将模上多余浆体刮去,使浆体表面与试模边平齐。然后编号,放入湿气养护箱内养护。

4)试体自加水时算起,经(24+2)h湿气养护后脱模,测初始长度L_0,试体放入比长仪的位置每次测量必须保持一致,测量结果精确至0.01 mm。

5)将已测量过初始长度的试体放入沸煮箱内,浸水沸煮,自水沸腾时刻算起,连续沸煮4 h后,停止加热,向锅内慢慢注入冷水,使水温在15 min内降至室温,再经15 min将试体取出擦干,用比长仪测量沸煮后的长度L_1。

6)将已沸煮并已测过长度的试体在室温下放入压蒸釜内的支架上,为保证每条试体在试验时有一定饱和蒸汽压力，压蒸釜内必须注入足量蒸馏水，一般为压蒸釜容积的7%～10%。加热初期应打开放气阀，排出釜内空气，直到看见有水蒸气放出。然后关闭放气阀，经45～75 min加热，表压可达(2.0±0.5)MPa。在(2.0±0.5)MPa下保持3 h后，切断电源，让压蒸釜冷却。经90 min后，要求釜内压力降低至0.1 MPa，然后微开放气阀，将压蒸釜内剩余蒸汽排出至表压为零止。

7)打开压蒸釜，取出试样置于90℃以上热水中，然后均匀注入冷水(注意不要让冷水直接接触试体表面)，于10～15 min内使水温降至室温。再经15 min取出试体，擦去试体表面水分，用比长仪测量压蒸后的长度L_2，如发现试体有弯曲、龟裂等现象，应记录。

沸煮膨胀率($E_{沸}$)：将沸煮后试体长度(L_1)与24 h湿气养护后试体的初始长度(L_0)之差，与试体的有效长度(250 mm)相除，即

$$E_{沸}=\frac{L_1-L_0}{250}\times 100\% \tag{3-3}$$

压蒸膨胀率($E_{压}$)：将压蒸后试体长度(L_2)与24 h湿气养护后试体的初始长度(L_0)之差，与试体的有效长度(250 mm)相除，即

$$E_{压}=\frac{L_2-L_0}{250}\times 100\% \tag{3-4}$$

计算压蒸膨胀率时，实际上包括沸煮膨胀率和压釜膨胀率，沸煮膨胀率大小对压蒸安定性影响很大。因此，水泥最好待试饼沸煮安定性合格后再进行压蒸安定性测定。水泥净浆试体压蒸膨胀率是以百分数表示的，其结果取两条试体测定的平均值(计算准确率为0.01%)，如果每条试体的膨胀率与平均值相差超过±10%，应重做。

对于硅酸盐水泥和普通水泥，压蒸膨胀率不超过0.80%；对于矿渣水泥、火山灰水泥、粉煤灰水泥，压蒸膨胀率不超过0.50%，则认为该水泥压蒸测定合格。

3.5　水泥胶砂强度试验

3.5.1　试验目的

胶砂强度是水泥的一项重要指标，是评定水泥强度等级的依据。通过水泥胶砂强度试验，读者可以掌握水泥胶砂强度试件的制作步骤、要点、养护和强度的测试方法，熟悉水泥胶砂搅拌机、抗折强度试验机的操作规程，会判定胶砂的强度等级。

3.5.2　试验仪器

1.试验室

试体成形试验室的温度应保持在(20±2)℃，相对湿度应不低于50%。试体带模养护的养护箱或雾室温度保持在(20±1)℃，相对湿度不低于90%。试体养护池水的温度应在(20±1)℃范围内。试验室空气温度和相对湿度及养护池水温在工作期间每天至少记录1次。

养护箱或雾室的温度与相对湿度至少每4 h记录1次，在自动控制的情况下记录次数可以酌减至一天记录2次。在温度给定范围内，控制所设定的温度应为此范围中值。

2.搅拌机

水泥砂浆搅拌机实物和构造如图 3－13 所示。

用多台搅拌机工作时，搅拌锅和搅拌叶片应保持配对使用。叶片与锅之间的间隙是指叶片与锅壁最近的距离，应每月检查一次。

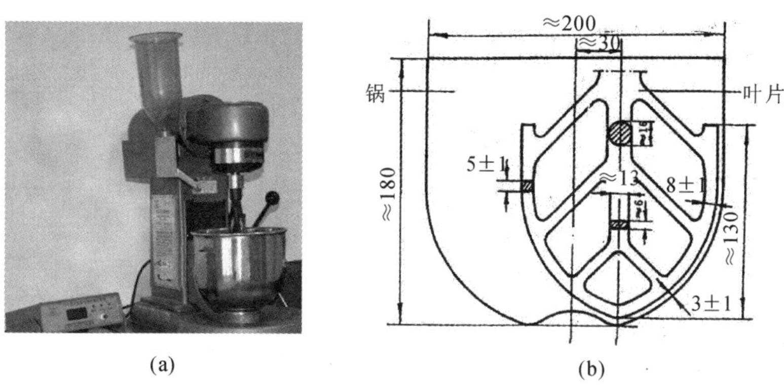

图 3－13　水泥砂浆搅拌机
(a)实物；(b)构造(单位：mm)

3.试模

试模尺寸如图 3－14 所示，宽与高均为 25 mm，长度为 280 mm。模板顶端有安装测量顶头的小孔，小孔位置必须保证测量顶头在试体的中心线上。试模由不锈钢或其他硬质不锈蚀的金属材料制成。试体有效长度是指试体两端测量顶头内侧间的长度，应为(250±2.5)mm。测量顶头伸入试体深度应为(15±1)mm。在例行检测中，允许用 10 mm×10 mm×60 mm 的小试体，但当检测结果有争议时，以 25 mm×25 mm×250 mm 试体的检验结果为准。

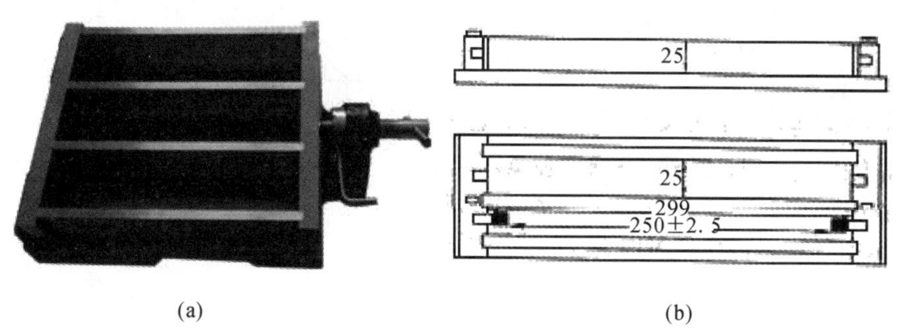

图 3－14　水泥试模
(a)实物；(b)构造(单位：mm)

4.振实台

振实台(见图 3－15)应符合《水泥胶砂试体成型振实台》(JC/T 682—2005)要求。振实台应安装在高度约为 400 mm 的混凝土基座上。混凝土体积约为 0.25 m^3，质量约为 600 kg。需防外部振动影响振实效果时，可在整个混凝土基座下放一层厚约为 5 mm 的天然橡胶弹性衬垫。

将仪器用地脚螺丝固定在基座上，安装后设备呈水平状态，仪器底座与基座之间要铺一层砂浆，以保征它们能完全接触。

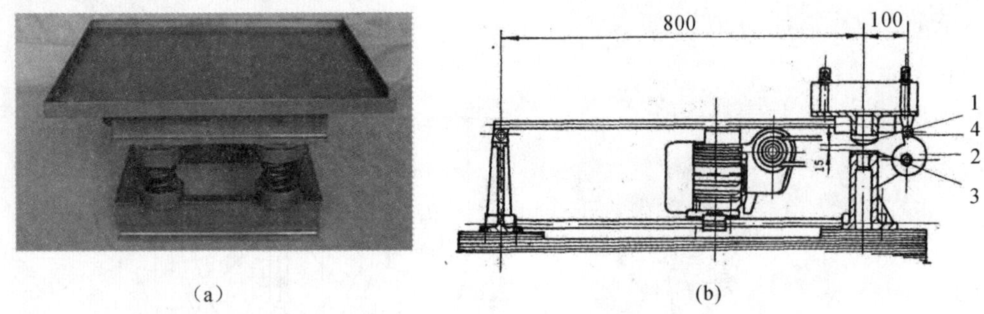

图 3-15 典型的振实台

(a)实物；(b)构造(单位：mm)

1—突头；2—凸轮；3—止动器；4—随动轮

5.水泥抗折试验机

抗折强度试验机应符合《水泥胶砂电动抗折试验机》(JC/T 724—2005)的要求。试件在夹具中受力状态如图 3-16 所示。

通过三根圆柱轴的三个竖向平面应该平行，并在试验时继续保持平行和等距离垂直试体的方向，其中一根支撑圆柱和加荷圆柱能轻微地倾斜，使圆柱与试体完全接触，以便荷载沿试体宽度方向均匀分布，同时不产生任何扭转应力。

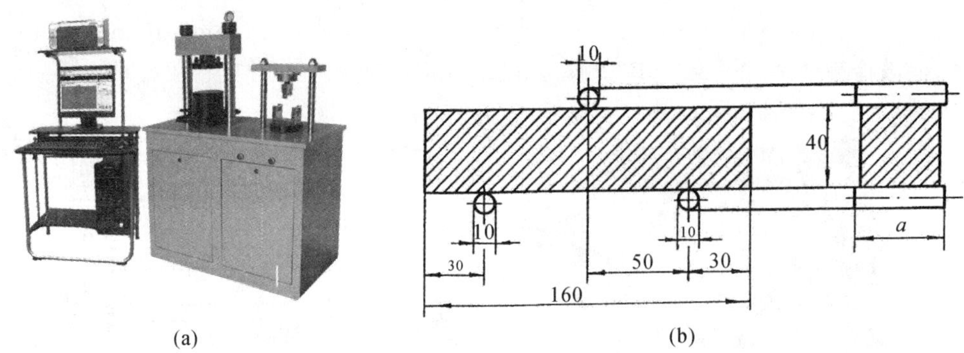

图 3-16 水泥抗折试验机

(a)抗折试验机实物；(b)测量加荷示意图(单位：mm)

6.水泥抗压试验机

抗压强度试验机在较大的 4/5 量程范围内使用时，记录的荷载应有 ±1% 精度，并具有 (2 400±200)N/s 速率的加荷能力，应有一个能指示试件破坏时的荷载并把它保持到试验机卸荷以后的指示器，可以用表盘里的峰值指针或显示器来实现。人工操纵的试验机应配有一个速度动态装置以便于控制荷载增加。

压力机的活塞竖向轴应与压力机的竖向轴重合，在加荷时也不例外，而且活塞作用的合力要通过试件中心。压力机的下压板表面应与该机的轴线垂直并在加荷过程中一直保持不变。压力机上压板球座中心应在该机竖向轴线与上压板下表面相交点上，其公差为±1 mm。上压板在与试体接触时能自动调整，但在加荷期间，上、下压板的位置应固定不变。

试验机压板应由维氏硬度不低于 600 HV 的硬质钢制成，最好为碳化钨，厚度不小于 10 mm，宽为(40±0.1)mm，长不小于 40 mm。压板和试件接触的表面平面度公差应为 0.01 mm，表面粗糙度 R 应在 0.1～0.8 之间。水泥抗压试验机如图 3－17 所示。

图 3－17　水泥抗压试验机

当试验机没有球座，或球座已不灵活，或直径大于 120 mm 时，应使用规定的夹具。

注意事项：

1)试验机的最大荷载范围以 200～300 kN 为佳。可以有两个以上的荷载范围，其中最低荷载范围的最高值大致为最高范围最大值的 1/5。

2)采用具有加荷速度自动调节和具有记录结果装置的压力机是合适的。

3)润滑球座以使其与试件接触良好，同时确保在加荷期间不致因润滑而发生压板位移。在高压下不适宜使用润滑剂，以免导致压板移动。

4)“竖向”“上”“下”等术语是对传统的试验机而言的。此外，轴线不呈竖向的压力机也可以使用。

3.5.3　胶砂组成

1.砂和水泥

砂的筛析试验应用有代表性的样品来进行，每个筛子的筛析试验应进行至每分钟通过量小于 0.5 g 为止。水泥胶砂强度试验中砂配合比见表 3－5。

表 3－5　水泥胶砂强度试验中砂配合比

方孔边长/mm	累计筛余/(%)
2.0	0
1.6	7±5

续表

方孔边长/mm	累计筛余/(%)
1.0	33±5
0.5	67±5
0.16	87±5
0.08	99±1

砂的湿含量是在105～110℃下用具有代表性的砂样烘2 h的质量损失来测定的，以干基的质量百分数表示，应小于0.2%。

当试验水泥从取样至试验要保持24 h以上时，应把它贮存在基本装满和气密的容器里，这个容器应不与水泥起反应。

2.试验水泥、砂、水配合比

胶砂的质量配合比应为一份水泥、一份标准砂和半份水。一锅胶砂可做成三条试体，胶砂试验配合比见表3-6。

表3-6 胶砂试验配合比

水泥品种	材料量		
	水泥/kg	标准砂/kg	水/kg
硅酸盐水泥	450±2	1 350±5	225±1
普通硅酸盐水泥			
矿渣硅酸盐水泥			
粉煤灰硅酸盐水泥			
复合硅酸盐水泥			

水泥、砂、水和试验用具的温度与试验室相同，称量用的天平精度应为±1 g。当用自动滴管加225 mL水时，滴管精度应达到±1 mL。

3.5.4 试样制备

1.试样搅拌

用搅拌机对胶砂进行机械搅拌，先使搅拌机处于待工作状态，然后按以下的程序进行操作：

1)把水加入锅里，再加入水泥，把锅放在固定架上，上升至固定位置。

2)立即开动机器，低速搅拌30 s后，在第二个30 s开始的同时均匀地将砂子加入。当分装各级砂石时，从最粗粒级开始，依次将所需的每级砂量加完。把机器转至高速再拌30 s。停拌90 s，在第1个15 s内用胶皮刮具将叶片和锅壁上的胶砂刮入锅中间。在高速下继续搅拌

60 s,各个搅拌阶段的时间误差应在±1 s以内。将搅拌好的胶砂放入尺寸为40 mm×40 mm×160 mm的棱柱体试模中。

胶砂制备完成后立即进行成形。将空试模和模套固定在振实台上,用一个勺子直接从搅拌锅里将胶砂分两层装入试模,装第一层时,每个槽里约放300 g胶砂,用大播料器垂直架在模套顶部沿每个模槽来回1次将料层播平,接着振实60次。再装入第二层胶砂,用小播料器播平,再振实60次。移走模套,从振实台上取下试模,用一金属直尺以近似90°的角度架在试模模顶的一端,然后沿试模长度方向以横向锯割动作慢慢向另一端移动,一次将超过试模部分的胶砂刮去,并用同一直尺在近乎水平的情况下将试体表面抹平。

2.振动台振动成形

在搅拌胶砂的同时,将试模和下料漏斗卡紧在振动台的中心。将搅拌好的全部胶砂均匀地装入下料漏斗中,开动振动台,胶砂通过漏斗流入试模。振动(120±5)s停车。振动完毕,取下试模,用刮平尺按规定的刮平手法刮去高出试模的胶砂并抹平。接着在试模上标记或用字条标明试件编号。

3.试模的养护及脱模

(1)脱模前的处理和养护

去掉留在模子四周的胶砂。立即将标记好的试模放人雾室或湿箱的水平架子上养护,湿空气应能与试模各边接触。养护时不应将试模放在其他试模上。一直养护到规定的脱模时间时取出脱模。脱模前,用防水墨汁或颜料笔对试体进行编号和标记。对于两个龄期以上的试体,在编号时应将同一试模中的三条试体分在两个以上龄期内。

(2)脱模

脱模应非常小心。对于24 h龄期的,应在破型试验前20 min内脱模。对于24 h以上龄期的,应在成形后20~24 h之间脱模。如经24 h养护,因脱模对强度造成损害,可以延迟至24 h以后脱模,但在试验报告中应予说明。

已确定作为24 h龄期试验(或其他不下水直接做试验)的已脱模试体,应用湿布覆盖至进行试验时为止。

(3)水中养护

将标记好的试件立即水平或竖直放在(20±1)℃水中养护,水平放置时刮平面应朝上。试件放在不易腐烂的篦子上,并彼此间保持一定间距,以让水与试件的六个面接触。养护期间,试件之间间隔或试体表面的水深不得小于5 mm。

每个养护池只养护同类型的水泥试件。最初用自来水装满养护池(或容器),随后随时加水保持适当的恒定水位,不允许在养护期间全部换水。

除24 h龄期或延迟至48 h脱模的试体外,任何到龄期的试体都应在试验(破型)前15 min从水中取出。揩去试体表面沉积物,并用湿布覆盖至进行试验时为止。

(4)强度试验试体的龄期

试体龄期是从水泥加水搅拌开始试验时算起。不同龄期强度试验在下列时间进行:24 h±15 min;48 h±30 min;72 h±45 min。脱模时可用塑料锤、橡皮榔头或专门的脱模器。对于胶砂搅拌、振实操作或胶砂含气量试验的对比,建议称量每个模型中试体的质量。

3.5.5 强度试验

1.抗折强度试验

将试体的一个侧面放在试验机(见图 3-16)的支撑圆柱上,试体长轴垂直于支撑圆柱,圆柱以(50+10)N/s 的速率均匀地将荷载垂直地加在棱柱体相对侧面上,直至折断。保持两个半截棱柱体处于潮湿状态,直至开始做抗压试验为止。

抗折强度 R_f 按下式进行计算:

$$R_f=\frac{1.5F_fL}{b^3} \tag{3-5}$$

式中:F_f——折断时施加于棱柱体中部的荷载,N;

L——支撑圆柱之间的距离,mm;

b——棱柱体正方形截面的边长,mm。

2.抗压强度试验

抗压强度试验使用上述仪器,在半截棱柱体的侧面上进行。半截棱柱体中心与压力机压板受压中心盖间距的偏差应在±0.5 mm 内,棱柱体露在压板外的部分约为 10 mm。

在整个加荷过程中,以(2 400±200)N/s 的速率均匀地加荷直至破坏。抗压强度 R_c 按下式进行计算:

$$R_c=\frac{F_c}{A} \tag{3-6}$$

式中:F_c——破坏时的最大荷载,N;

A——受压部分面积,mm^2。

注意事项:以 1 组 3 个棱柱体上得到的 6 个抗压强度测定值的算术平均值为试验结果。如 6 个测定值中有 1 个超出 6 个平均值的±10%,就应剔除这个结果,而以剩下 5 个的算术平均值为结果。如果 5 个测定值中仍有超过它们平均数±10%的,则此组结果作废。各试体的抗折强度记录至 0.1 MPa,计算结果精确至 0.1 MPa。

课后思考题

1)水泥标准稠度用水量测试精度的相关影响因素有哪些?

2)水泥胶砂强度试验有哪些步骤?注意事项是什么?

3)测定水泥胶砂强度为什么要用标准砂?

第 4 章　混凝土用砂、石骨料试验

4.1　砂石试样的取样与处理

砂是用于拌和混凝土的一种细骨料，是公称粒径在 5.00 mm 以下的岩石颗粒，图 4-1 所示是细骨料。砂可分为天然砂和人工砂。天然砂按产源不同又可分为河砂、海砂和山砂；人工砂是经除土处理的机制砂（由机械破碎、筛分制成）和混合砂（由机制砂和天然砂混合制成）的统称。按技术要求，砂又分为Ⅰ类、Ⅱ类、Ⅲ类。其中Ⅰ类宜用于 C60 以上的混凝土，Ⅱ类宜用于 C30～C60 及抗冻、抗渗或其他要求的混凝土，Ⅲ类宜用于 C30 以下的混凝土和建筑砂浆。国家标准《建筑用砂》（GB/T 14684－2011）对混凝土用砂提出了明确的技术质量要求。

(a)　　(b)

图 4-1　细骨料（砂子）

(a)细砂；(b)粗砂

砂的表观密度、堆积密度和空隙率应符合如下规定：表观密度 $\rho' > 2\ 500\ kg/m^3$；松散堆积密度 $\rho' > 1\ 350\ kg/m^3$；空隙率 $P < 47\%$。

粒径大于 4.75 mm 的骨料称粗骨料（见图 4-2）。混凝土常用的粗骨料有卵石与碎石两种，卵石又称砾石，是自然风化、水流搬运和分选并堆积形成的岩石颗粒。按其产源可分为河卵石、海卵石、山卵石等几种，其中以河卵石应用最多。碎石是由天然岩石或卵石经机械破碎、筛分制成的岩石颗粒。按技术要求，碎石、卵石又可分为Ⅰ类、Ⅱ类、Ⅲ类。其中，Ⅰ类宜用于强度等级大于 C60 的混凝土，Ⅱ类宜用于强度等级为 C30～C60 及抗冻、抗渗或其他要求的混凝土，Ⅲ类宜用于强度等级小于 C30 的混凝土。

图 4-2　粗骨料(石子)
(a)碎石;(b)卵石

4.1.1　取样方法

1)在料堆上取样时,取样部位应均匀分布。取样前先将取样部位表层铲除,然后从不同部位随机抽取大致等量的砂 8 份(石子 15 份),组成一组样品。

2)从皮带运输机上取样时,应用与皮带机等宽的接料器,从皮带运输机头部出料口全断面处定时抽取大致等量的砂 4 份(石子 8 份),组成一组样品。

3)从火车、汽车、货船上取样时,从不同部位和深度随机抽取大致等量的砂 8 份(石子 16 份),组成一组样品。

4.1.2　取样质量

单项试验的最少取样质量应符合表 4-1 和表 4-2 的规定。做几项试验时,如确能保证试样经一项试验后不致影响另一试验的结果,可用同一试样进行几项不同的试验。

表 4-1　砂单项试验取样质量

序　号	检验项目		最少取样质量/kg	序　号	检验项目	最少取样质量/kg
1	颗粒级配		4.4	9	云母含量	0.6
2	含泥量		4.4	10	轻物质含量	3.2
3	石粉含量		6.0	11	有机物含量	2.0
4	泥块含量		20.0	12	硫化物与硫酸盐含量	0.6
5	氯化物含量		4.4	13	松散堆积密度与空隙率	5.0
6	贝壳含量		9. 6	14	碱集料反应	20.0
7	坚固性	天然砂	8.0	15	放射性	6.0
		机制砂	20.0	16	饱和面干吸水率	4.4
8	表观密度		2.6			

表 4－2　石子单项试验取样质量

序号	试验项目	最大粒径/mm							
		9.5	16.0	19.0	26.5	31.5	37.5	63.0	75.0
		最少取样质量/kg							
1	颗粒级配	9.5	16.0	19.0	26.5	31.5	37.5	63.0	80.0
2	含泥量	8.0	8.0	24.0	24.0	40.0	40.0	80.0	80.0
3	泥块含量	8.0	8.0	24.0	24.0	40.0	40.0	80.0	80.0
4	针、片状颗粒含量	1.2	4.0	8.0	12.0	20.0	40.0	40.0	40.0
5	有机物含量	按试验要求的粒级和质量取样							
6	硫化物和硫酸盐含量								
7	坚固性								
8	岩石抗压强度	随机取完整石块锯切或钻取成试验用样品							
9	压碎指标	按试验要求的粒级和质量取样							
10	表观密度	8.0	8.0	8.0	8.0	12.0	16.0	24.0	24.0
11	堆积密度与空隙率	40.0	40.0	40.0	40.0	80.0	8.0	120.0	120.0
12	碱集料反应	20.0	20.0	20.0	20.0	20.0	20.0	20.0	20.0
13	吸水率	2.0	4.0	8.0	12.0	20.0	40.0	40.0	40.0
14	放射性	6.0							
15	含水率	按试验要求的粒级和质量取样							

4.1.3　试样处理

1.砂试样处理

1)用分料器法:将样品在潮湿状态下拌和均匀,然后通过分料器,取接料斗中的其中一份再次通过分料器。重复上述过程,直至把样品缩分到试验所需量为止.

2)人工四分法:将所取样品置于平板上,在潮湿状态下拌和均匀,并堆成厚度约为 20 mm 的“圆饼”状,然后沿互相垂直的两条直径把“圆饼”分成大致相等的四份,取其中对角的两份重新拌匀,再堆成“圆饼”。重复上述过程,直至把样品缩分到试验所需量为止。

堆积密度、机制砂坚固性检验所用试样可不经缩分,在拌匀后直接进行试验。

2.石子试样处理

将所取样品置于平板上,在自然状态下拌和均匀,并堆成锥体,然后沿互相垂直的两条直径把锥体分成大致相等的四份,取其中对角线的两份重新拌匀,再堆成锥体。重复上述过程直至把样品缩分至试验所需量为止。堆积密度试验所用试样可不经缩分,在拌匀后直接进行试验。

4.2 砂颗粒的级配试验

4.2.1 试验目的

筛分析试验通过细度模数和砂的颗粒级配，评价砂的粗细以及颗粒大小的搭配情况，细度模数是衡量砂粗细程度的主要指标。本试验的目的包括：掌握筛分析的取样、操作步骤和细度模数计算的试验方法；熟悉摇筛机的操作规程；了解国家现行标准《建设用砂》(GB/T 14684—2011)和《普通混凝土用砂、石质量及检验方法标准》(JGJ 52—2006)中砂颗粒级配区的划分和等级评定。

4.2.2 试验仪器

1)鼓风干燥箱：能使温度控制在(105± 5)℃；

2)天平：称量 1 000 g，感量 1 g；

3)方孔筛：孔径为 150 μm，300 μm，600 μm，1.18 mm，2.36 mm，4.75 mm 及 9.50 mm 的筛各一只，并附有筛底和筛盖；

4)摇筛机；

5)搪瓷盘、毛刷等。

4.2.3 试验步骤

1.试样制备

按规定取样，筛除粒径大于 9.50 mm 的颗粒(并计算出筛余百分比)，并将试样缩分至约 1 100 g，放在干燥箱中于(105±5)℃下烘干至恒量，待冷却至室温后，分为大致相等的两份备用。

2.筛分

称取试样 500 g，精确至 1 g。将试样倒入按孔径大小从上到下组合的套筛(附筛底)上，置套筛于摇筛机上，摇 10 min，取下套筛，按筛孔大小顺序逐个用手筛，筛至每分钟通过量小于试样总量的 0.1%为止。通过的颗粒合并入下一号筛中，并和下一号筛中的试样一起过筛，按照这样的顺序过筛，直至各号筛全部筛完为止。

称取各号筛的筛余量，精确至 1 g，试样在各号筛上的筛余量不得超过按式(4-1)计算出的量。

$$G=\frac{A\times\sqrt{d}}{200} \tag{4-1}$$

式中：G——1 个筛上的筛余量，g；

A——筛面面积，mm^2；

d——筛孔尺寸，mm。

筛余量超过时应按下列方法之一处理：

1)将该粒级试样分成少于按式(4-1)计算出的量，分别筛分，并以筛余量之和作为该号筛的筛余量。

2)将该粒级及以下各粒级的筛余量混合均匀,称出其质量,精确至1g,再用四分法缩分为大致相等的两份,取其中一份,称出其质量,精确至1 g,继续筛分。计算该粒级及以下各粒级的筛余量时,应根据缩分比例进行修正。

4.2.4　结果计算与评定

1)计算分计筛余百分比:各号筛上的筛余量与试样总质量之比,计算结果精确至0.1%。

2)计算累计筛余百分比:该号筛的分计筛余百分比加上该号筛以上各分计筛余百分比之和,精确至0.1%。筛分后,如每号筛的筛余量与筛底的剩余量之和同原试样质量之差超过1%,应重新试验。

3)砂的细度模数计算,精确至0.01。

4)累计筛余百分比取两次试验结果的算术平均值,精确至1%。细度模数取两次试验结果的算术平均值,精确至0.1。如两次试验的细度模数之差超过0.2,应重新试验。

5)根据各号筛的累计筛余百分比,采用修约值比较法评定试样的颗粒级配。

4.3　砂的表观密度试验

表观密度是指砂在自然状态下单位体积(包括内封闭孔隙)的质量,是反映砂品质的主要指标。本试验的目的包括:掌握砂表观密度的试验方法;明确标准法和简易法测定表观密度的差别;熟悉电子天平、烘箱等试验设备的操作规程;了解国家现行标准《建设角砂》(GB/T 14684—2011)和《普通混凝土用砂、石质量及检验方法标准》(JGJ 52—2006)中对砂表观密度的技术要求。

4.3.1　主要试验设备

天平(称量1 000 g,感量1 g);容量瓶(500 mL);烧杯(500 mL);试验筛(孔径为4.75 mm);干燥器、烘箱[能使温度控制在(105±5)℃之间]铝制料勺、温度计、带盖容器、搪瓷盘、刷子和毛巾等。

4.3.2　样品制备

1.标准法

将缩分至650 g左右的试样在温度为(105±5)℃的烘箱中烘干至恒重,并在干燥器内冷却至室温。

2.简易法

将样品缩分至不少于120 g,在(105±5)℃的烘箱中烘干至恒重,并在干燥器中冷却至室温,分成大致相等的两份备用。

4.3.3　试验步骤及评定

1)称取烘干试样 m_0=300 g,精确至1 g。将试样装入容量瓶,注入冷开水至接近500 mL

刻度处，用手摇动容量瓶，使砂样充分摇动，排出气泡，塞紧瓶盖，静置 24 h。

2)用滴管小心加水至容量瓶 500 mL 刻度处，塞紧瓶塞，擦干瓶外水分，称出其质量 m_1，精确至 1 g。

3)倒出瓶内水和试样，洗净容量瓶，再向瓶内注入水温相差不超过 2℃ 的冷开水至 500 mL刻度处。塞紧瓶塞，擦干瓶外水分，称其质量 m_2，精确至 1 g。

4)结果评定。

(a)砂表观密度 ρ_0，按下式计算(精确至 10 kg/m³)：

$$\rho_0=(\frac{m_0}{m_0+m_2-m_1})\times\rho_w \tag{4-2}$$

式中：m_0——试样的烘干质量，g；

m_1——试样、水及容量瓶总质量，g；

m_2——水及容量瓶总质量，g；

ρ_w——水的密度，g/cm³。

(b)砂的表观密度均以两次试验结果的算术平均值作为测定值，精确至 10 kg/m³；如两次试验结果之差大于 20 kg/m³，应重新取样进行试验。

4.4 砂的堆积密度与空隙率试验

砂的散粒材料在自然堆积状态下单位体积的质量，称为砂的堆积密度。散粒材料堆积状态下的体积，既包含了颗粒自然状态下的体积，又包含了颗粒之间的空隙体积。散粒材料的堆积体积，常用其所填充满的容器的标定容积来表示。散粒材料的堆积方式是松散的，叫松散堆积，堆积方式是捣实的，叫紧密堆积。由松散堆积测试得到的是松散堆积密度；由紧密堆积测试得到的是紧密堆积密度。

4.4.1 试验仪器

烘箱[能使温度控制在(105±5)℃]；天平(称量为 10 kg，感量为 1 g)；容量筒(内径为 108 mm，净高为 109 mm，筒底厚约为 5 mm，容积为 1 L)；方孔筛(孔径为 4.75 mm 的筛一只)；垫棒(直径为 10 mm，长为 500 mm 的圆钢)；直尺、漏斗(见图 4－3)、铝制料勺、搪瓷盘和毛刷等。

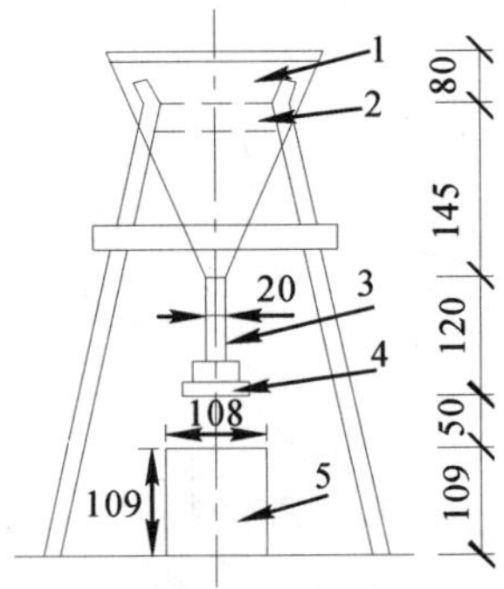

图 4－3　标准漏斗(单位：mm)

1—漏斗；2—筛；3—ϕ20 的管子；4—活动门；5—金属量筒

4.4.2　试样制备

用搪瓷盘装取试样约 3 L，放在烘箱中于温度为(105±5)℃下烘干至恒量，待冷却至室温后，筛除粒径大于 4.75 mm 的颗粒，分成大致相等的两份备用。

4.4.3　步骤及评定

1.松散堆积密度

取试样一份，砂用漏斗或铝制料勺备用，用漏斗或料勺将试样从容量筒中心上方 50 mm 处徐徐倒入，让试样以自由落体落下，当容量筒上部试样呈锥体，且容量筒四周溢满时，即停止加料。然后用直尺沿筒口中心线向两边刮平(试验过程中应防止触动容量筒)，称出试样和容量筒总质量 m_2，精确至 1 g。倒出试样，称取空容量筒质量 m_1，精确至 1 g。

2.紧密堆积密度

取试样一份，分两次装入容量筒。装完第一层后，在筒底垫放一根一定直径为 10 mm 的垫棒，左右交替击地面各 25 次。然后装入第二层，第二层装满后用同样方法颠实(但筒底所垫钢筋的方向与第一层的方向垂直)，加试样直至超过筒口，然后用直尺沿筒口中心线向两边刮平，称出试样和容量筒总质量 m_2，精确至 1 g。

3.容重筒容积的校正方法

用温度为(20±2)℃的饮用水装满容量筒，用玻璃板沿筒口滑移，使其紧贴水面。擦干筒外壁水分，然后称出其质量，砂容量筒精确至 1 g，石子容量筒精确至 10 g。用下式计算筒的容积(mL，精确至 1 mL)：

$$V=m_2'-m_1' \tag{4-3}$$

式中：m_2'——容量筒、玻璃板和水的总质量，g；

m_1'——容量筒和玻璃板的质量，g。

4.结果评定

1)松散堆积密度 ρ_0' 和紧密堆积密度 ρ_1' 分别按下式计算(kg/m^3，精确至 10kg/m^3)：

$$(\rho_1')\rho_0'=\frac{m_2-m_1}{V}\times 1\ 000 \tag{4-4}$$

式中：m_2——试样和容量筒总质量，kg；

m_1——容量筒质量，kg；

V——容量筒的容积，L；以两次试验结果的算术平均值作为测定值。

2)松散堆积密度空隙率 P' 和紧密堆积密度空隙率 P_1' 按下式计算(精确至 1%)：

$$\left.\begin{aligned} P'&=(1-\frac{\rho_0'}{\rho'})\times 100\% \\ P_1'&=(1-\frac{\rho_1'}{\rho'})\times 100\% \end{aligned}\right\} \tag{4-5}$$

式中：ρ_0'——松散堆积密度，kg/m³；

ρ_1'——紧密堆积密度，kg/m³；

ρ'——表观密度，kg/m³。

4.5 碎石或卵石的表观密度试验

石子的表观密度是指不包括颗粒之间的空隙在内，但包括颗粒内部孔隙在内的单位体积的质量。

石子的表观密度与石子的矿物成分有关。测定石子的表观密度，可以鉴别石子的质量，同时也是计算空隙率和进行混凝土配合比设计的必要环节。此法可用于最大粒径不大于37.5 mm的卵石或碎石。

4.5.1 主要仪器

1)天平。最大称量为2 kg，感量为1 g。

2)广口瓶。容积为1 000 mL，磨口并带有玻璃片。

3)筛(孔径为4.75 mm)、烘箱、搪瓷盘、毛巾和温度计等。

4.5.2 试样的制备

按表4－3规定取样，并缩分至略大于规定的数量，风干后筛除粒径小于4.75 mm的颗粒，然后洗刷干净，分为大致相等的两份备用。

表4－3 表观密度试验所需试样数量

最大粒径/mm	26.5	31.5	37.5
最少试样质量/kg	2.0	3.0	4.0

4.5.3 试验步骤及结果评定

1.试验步骤

1)将试样浸水饱和后，装入广口瓶中。装试样时，广口瓶应倾斜放置，注入饮用水，用玻璃片覆盖瓶口。以上下左右摇晃的方法排除气泡。

2)排尽气泡后，向瓶中添加饮用水，直至水面凸出瓶口边缘。然后用玻璃片沿瓶口迅速滑行，使其紧贴瓶口水面。擦干瓶外水分后，称出试样、水、瓶和玻璃片总质量，精确至1 g。

3)将瓶中试样倒入搪瓷盘，放入烘箱中于(105±5)℃下烘干至恒量，待冷却至室温后，称出其质量，精确至1 g。

4)将瓶洗净并重新注入饮用水，用玻璃片紧贴瓶口水面，擦干瓶外水分后，称出水、瓶和玻璃片总质量，精确至1 g。

2.结果评定

测定表观密度时，取两次试验结果的算术平均值，精确至10 kg/m³；如两次试验结果之差大于 20 kg/m³，须重新进行试验。对颗粒材质不均匀的试样，如两次试验结果之差超过 20 kg/m³，可取 4 次试验结果的算术平均值。

4.6　碎石或卵石的堆积密度及空隙率试验

测定干燥石子堆积密度并计算空隙率，以评定石子质量的好坏。同时，石子的堆积密度也是混凝土配合比设计必需的重要数据之一。

4.6.1　仪器设备

1)台秤：称量为 10 kg，感量为 10 g。

2)磅秤：最大称量为 50 kg 或 100 kg，感量为 50 g。

3)容量筒：其规格见表 4-4。容量筒应先校正体积，将温度为(20±2)℃的饮用水装满容量筒，用玻璃板沿筒口滑移，使其紧贴水面并擦干筒外壁水分，然后称出其质量，精确至 10 g。用下式计算容积：

$$V=V_1-V_2 \tag{4-6}$$

式中：V——容量筒容积，mL；

V_1——容量筒、玻璃板和水的总体积，mL；

V_2——容量筒和玻璃板体积，mL。

表 4-4　容量筒的规格要求

最大粒径/mm	容量筒容积/L	容量筒规格		
		内径/mm	净高/mm	壁厚/mm
9.5,16.0,19.0,26.5	10	208	294	2
31.5,37.5	20	294	294	3
53.0,63.0,75.0	30	360	294	4

4)直尺、小铲等。

4.6.2　试样的制备

按表 4-5 的规定取样。试样烘干或风干后，拌匀并分为大致相等的两份备用。

表 4-5　堆积密度试验取样质量

石子最大粒径/mm	取样质量/kg
9.5,16.0,19.0,26.5	40
31.5,37.5	80
63.0,75.0	120

4.6.3 试验步骤

取试样一份,用小铲将试样从容量筒中心上方 50 mm 处徐徐倒入,让试样以自由落体落下,当容量筒上部试样呈锥体,且容量筒四周溢满时,即停止加料。除去凸出容量筒表面的颗粒,并以合适的颗粒填入凹陷部分,使表面稍凸起部分和凹陷部分的体积大致相等,称出试样和容量筒的总质量,精确至 10 g。

4.6.4 试验结果

堆积密度取两次试验结果的算术平均值,精确至 10 kg/m^3。空隙率取两次试验结果的算术平均值,精确至 1%。

4.7 石子的压碎指标试验

测定石子的压碎指标,评定石子的质量。

4.7.1 试验仪器

1)压力试验机:量程为 300 kN,示值相对误差为 2%;

2)压碎指标测定仪(圆模),见图 4-4;

3)天平:称量为 10 kg,感量为 1 g;

4)方孔筛:孔径分别为 2.36 mm,9.50 mm 及 19.0 mm 的筛各一只;

5)垫棒:直径为 10 mm、长为 500 mm 的圆钢。

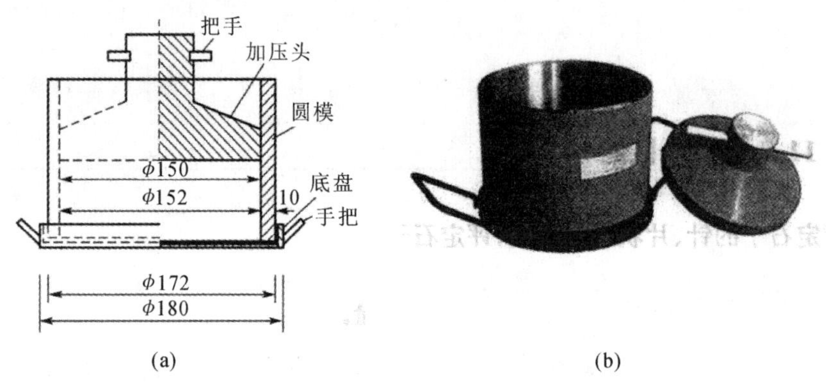

图 4-4　石子压碎试验仪器

(a)结构示意图;(b)实物

4.7.2 试验过程

1)按规定取样,风干后筛除粒径大于 19.0 mm 及小于 9.50 mm 的颗粒,并去除针、片状颗粒,分为大致相等的三份备用。当试样中粒径在 9.50～19.0 mm 之间的颗粒不足时,允许将粒径大于 19.0 mm 的颗粒破碎成粒径在 9.50～19.0 mm 之间的颗粒,用作压碎指标试验。

2)称取试样 3 000 g,精确至 1 g,将试样分两层装入圆模(置于底盘上)内,每装完一层试样后，在底盘下面垫放一直径为 10 mm 的圆钢，将筒按住，左右交替颠击地面各 25 次，两层颠实后，平整模内试样表面，盖上压头。当圆模装不下 3 000 g 试样时，以装至距圆模上口 10 mm为准。

3)把装有试样的圆模置于压力试验机上，开动压力试验机，按 1 kN/s 的速度均匀加荷至 200 kN 并稳荷 5 s，然后卸荷。取下加压头，倒出试样，用孔径为 2.36 mm 的筛，筛除被压碎的细粒，称出留在筛上的试样质量，精确至 1 g。

4.7.3　结果计算及评定

1)压碎值按下式计算，精确至 0.1%。

$$Q_e = \frac{G_1 - G_2}{G_1} \times 100\% \tag{4-7}$$

式中：Q_e——压碎指标值，%；

G_1——试样的质量，g；

G_2——压碎试验后的试样质量，g。

2)压碎指标取 3 次试验结果的算术平均值，精确至 1%，试验统计数据见表 4－6；

3)采用修约值比较进行评定。

表 4－6　材料压碎值试验统计数据

试验日期及温度				
编号	试件材料干燥质量 G_1/g	压碎试验后的试样质量 G_2/g	压碎指标/(%)	平均压碎指标/(%)
1				
2				
3				

课后思考题

1)在进行石子的压碎指标试验时，对石子的选取有哪些要求？为什么？

2)在进行砂的质量检验时，主要考虑哪几个方面的内容？

3)在进行砂的筛分试验时，如某一筛孔上的筛余量超过 200 g，应如何处理？

第 5 章　混凝土试验

5.1　混凝土拌和物和易性试验

混凝土各组成材料按一定比例配合，搅拌成的尚未凝固的材料称为混凝土拌和物，又称新拌混凝土。和易性是指混凝土拌和物在施工过程中，保持其成分均匀，不发生分层、离析、泌水等现象的性能。

混凝土拌和物的和易性是一项综合技术性能，包括流动性、黏聚性和保水性等三方面的含义。流动性是指混凝土拌和物在自重或机械振捣作用下，能产生流动并均匀密实地填满模板的性能。黏聚性是指混凝土拌和物在施工过程中，其组成材料之间有一定的黏聚力，不致发生分层和离析的现象。保水性是指混凝土拌和物在施工过程中，具有一定的保水能力，不致产生严重的泌水现象。

工程中选择混凝土拌和物的坍落度(流动性)，要根据结构构件截面尺寸大小、配筋疏密程度和施工捣实方法等来确定。当构件截面尺寸较小、钢筋较密或采用人工插捣时，坍落度可选择大些。反之，当构件截面尺寸较大或钢筋较疏时，或者采用振动器振捣时，坍落度可选择小些。在不妨碍施工操作并能保证振捣密实的条件下，尽可能采用较小的坍落度，可以节约水泥并获得质量较高的混凝土。混凝土浇筑时的坍落度宜按表 5－1 选用。

表 5－1　混凝土浇筑时的坍落度

结　构　种　类	坍落度/mm
基础或地面等的垫层、无配筋的大体积结构(挡土墙、基础等)或配筋稀疏的结构	10～30
板、梁或大型及中型截面的柱子等	30～50
配筋密列的结构(薄壁、斗仓、筒仓、细柱等)	50～70
配筋特密的结构	70～90

表 5－1 中数值系采用机械振捣混凝土时的坍落度，当采用人工捣实混凝土时其值可适当增大，轻骨料混凝土的坍落度宜比表中数值减少 10～20 mm。

5.1.1　取样及试样的制备

1.取样

1)同一组混凝土拌和物的取样应从同一盘混凝土或同一车混凝土中取样。取样量应多于试验所需量的 1.5 倍且不应小于 20 L。

2)混凝土拌和物的取样应具有代表性,宜采用多次采样的方法。一般在同一盘混凝土或同一车混凝土中的约 1/4 处、1/2 处和 3/4 处分别取样,第一次取样到最后一次取样的时间间隔不宜超过 15 min,然后人工搅拌均匀。

3)从取样完毕到开始做各项性能试验的时间间隔不宜超过 5 min。

注:取样的要点是要有代表性、样品要均匀、操作时间要控制好。

2.试样的制备

1)在试验室制备混凝土拌和物时,拌和时试验室的温度应保持在(20±5)℃,所用材料的温度应与试验室温度保持一致。

注:需要模拟施工条件下所用的混凝土时,所用原材料的温度宜与施工现场保持一致。

2)在试验室拌和混凝土时,材料用量应以质量计。称量精度:骨料为±1%;水、水泥、掺合料和外加剂均为±0.5%。

3)混凝土拌和物的制备应符合《普通混凝土配合比设计规程》(JGJ 55—2011)中的有关规定。

4)从试样制备完毕到开始做各项性能试验的时间间隔不宜超过 5 min。

5.1.2　试验仪器

混凝土和易性试验所用仪器如下。

1.混凝土搅拌机

混凝土搅拌机(见图 5-1)应符合现行标准《混凝土试验用搅拌机》(JG 244—2009)要求的公称容量为 60 L 的双卧轴强制式搅拌机。

图 5-1　混凝土搅拌机

2.维勃稠度仪

维勃稠度仪(见图 5-2)应符合现行标准《维勃稠度仪》(JG/T 250-2009)的有关技术要求,即:

1)容器内径为(240±5)mm,高为(200±2)mm。

2)旋转架与测杆及喂料口相连,测杆下部安装有透明且水平的圆盘,并用定位螺钉把测杆固定在数显表中,旋转架安装在立柱上通过十字凹槽来控制方向,并用固定螺丝来固定其位置,就位后测杆与喂料口的轴线与容器轴线重合。

3)透明圆盘直径为(230±2)mm,厚度为(10±2)mm。荷重块直接固定在圆盘上。由测杆、圆盘及荷重块组成的滑动部分总质量为(2 750±50)g。

图 5-2　维勃稠度仪

3.塌落度筒

塌落度筒(见图 5-3)应符合现行行业标准《混凝土塌落度仪》(JG/T 248-2009)中有关技术的规定,底部直径为(200±2)mm,顶部直径为(100±2)mm,高度为(300±2)mm,筒壁厚度不小于 1.5 mm。

(a)

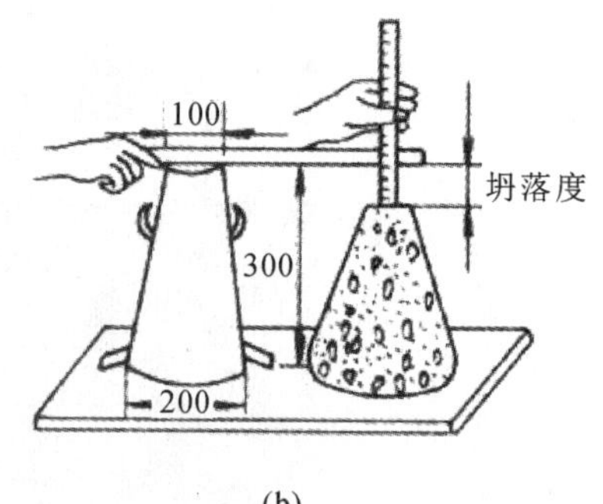

(b)

图 5-3　混凝土塌落度试验

(a)实物;(b)试验示意图(单位:mm)

4.振实台

振实台(见图 5-4)应符合《水泥胶砂试体成型振实台》(JC/T 682—2005)要求。振实台应安装在高度约为 400 mm 的混凝土基座上。混凝土体积约为 0.25 m^3,质量约为 600 kg。需防外部振动影响振实效果时,可在整个混凝土基座下放一层厚约 5 mm 的天然橡胶弹性衬垫。将仪器用地脚螺丝固定在基座上,安装后设备呈水平状态,仪器底座与基座之间要铺一层砂浆,以保征它们能完全接触。

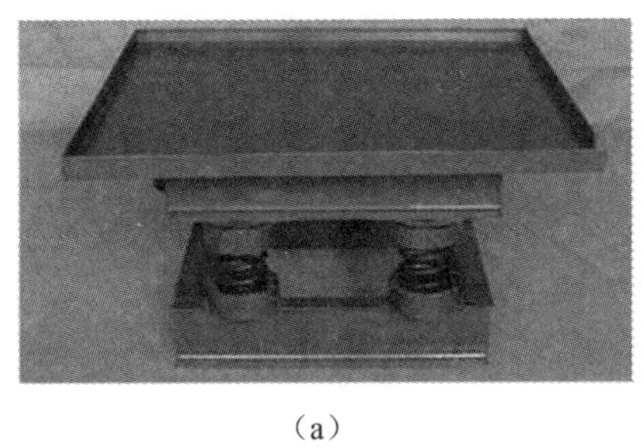

(a)

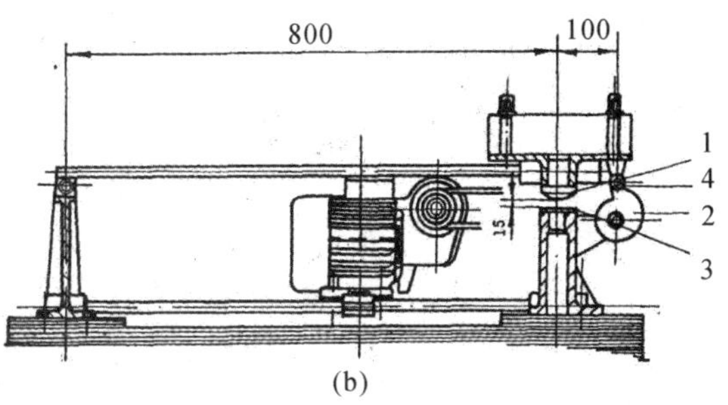

(b)

图 5-4　典型的振实台

(a)实物;(b)构造图(单位:mm)

1—突头;2—凸轮;3—止动器;4—随动轮

5.电子天平

电子天平(见图 5-5)分度值不大于 0.1 kg。

图 5-5　电子天平

6.贯入阻力仪

混凝土贯入阻力仪(见图 5-6)由加荷装置、测针、砂浆试样筒和标准筛组成,可以是手动的,也可以是自动的。

图 5-6　贯入阻力仪

贯入阻力仪应符合下列要求：

1)加载装置：最大测量值应不小于 1 000 N，精度为±10 N；

2)测针：长为 100 mm，承压面积为 100 mm^2，50 mm^2 和 20 mm^2 的三种测针；在距贯入端 25 mm 处刻有一圈标记；

3)砂浆试样筒：上口径为 160 mm，下口径为 150 mm，净高为 150 mm 刚性不透水的金属圆筒，并配有盖子；

4)标准筛：筛孔为 5 mm 的符合现行国家标准《试验筛、金属丝编织网、穿孔板和电成型薄板、筛孔的基本尺寸》(GB/T 6005－2008)规定的金属圆孔筛。

5.1.3 试验过程

1. 坍落度与坍落扩展度法

1)本方法适用于骨料最大粒径不大于 40 mm、坍落度不小于 10 mm 的混凝土拌和物稠度测定。

2)坍落度与坍落扩展度试验所用的混凝土坍落度仪应符合《混凝土坍落度仪》(JG 3021—1994)中有关技术要求的规定。

3)坍落度与坍落扩展度试验应按下列步骤进行：

(a)湿润坍落度筒及底板，在坍落度筒壁和底板上应无明水。底板应放置在坚实水平面上，并把筒放在底板中心，然后用脚踩住两边的脚踏板，坍落度筒在装料时应保持固定的位置。

(b)把按要求取得的混凝土试样用小铲分 3 层均匀地装入筒，使捣实后每层高度为筒高的 1/3 左右。每层用捣棒插捣 25 次。插捣应沿螺旋方向由外向中心进行，各次插捣应在截面上均匀分布。插捣筒边混凝土时，捣棒可以稍稍倾斜。插捣底层时，捣棒应贯穿整个筒，插捣第二层和顶层时，捣棒应插透本层至下一层的表面；浇灌顶层时，混凝土应灌到高出筒口。在插捣过程中，如混凝土沉落到低于筒口，则应随时添加。顶层插捣完后，刮去多余的混凝土，并用抹刀抹平。

(c)清除筒边底板上的混凝土后，垂直平稳地提起坍落度筒。坍落度筒的提离应在 5～10 s内完成；从开始装料到提坍落度筒的整个过程应不间断地进行，并应在 150 s 内完成。

(d)提起坍落度筒后，测量筒高与坍落后混凝土试体最高点之间的高度差，即为该混凝土拌和物的坍落度值；坍落度筒提离后，如混凝土发生崩坍或一边剪坏现象，则应重新取样另行测定；如第二次试验仍出现上述现象，则表示该混凝土和易性不好，应予记录备查。

(e)观察坍落后的混凝土试体的黏聚性及保水性。黏聚性的检查方法是用捣棒在已坍落的混凝土锥体侧面轻轻敲打，此时锥体如果逐渐下沉，则表示黏聚性良好，如果锥体倒塌、部分崩裂或出现离析现象，则表示黏聚性不好。保水性以混凝土拌和物从底部析出的程度来评定，提起坍落度筒后，如有较多的稀浆从底部析出，锥体部分的混凝土也因失浆而骨料外露，则表明此混凝土拌和物的保水性能不好；如提起坍落度筒后，无稀浆或仅有少量稀浆自底部析出，则表示此混凝土拌和物保水性良好。

(f)当混凝土拌和物的坍落度大于 220 mm 时，用钢尺测量混凝土扩展后最终的最大直径和最小直径，在这两个直径之差小于 50 mm 的条件下，用其算术平均值作为坍落扩展度值；否则，此次试验无效。

如果发现粗骨料在中央集堆或边缘有水泥浆析出，表示此混凝土拌和物抗离析性不好，应予记录。

4)混凝土拌和物坍落度和坍落扩展度值以毫米为单位，测量精确至 1 mm，结果表达修约至 5 mm。

坍落度试验要点注意事项：混凝土样品搅拌均匀，底板坚实无明水，分三层装料，插捣时捣棒竖直，自外向螺旋方向插捣 25 下，提起时间为 5～10 s，装料到提起过程为 150 s。

2.维勃稠度法

1)本方法适用于骨料最大粒径不大于 40 mm，维勃稠度在 5～30 s 之间的混凝土拌和物稠度测定。坍落度不大于 50 mm 或干硬性混凝土和维勃稠度大于 30 s 的特干硬性混凝土拌和物的稠度，可采用增实因数法来测定。

2)维勃稠度试验所用维勃稠度仪应符合《维勃稠度仪》(JG 3043—1997)技术要求的规定。

3)维勃稠度试验应按下列步骤进行：

(a)维勃稠度仪应放置在坚实水平面上，用湿布把容器、坍落度筒、喂料斗壁及其他用具润湿；

(b)将喂料斗提到坍落度筒上方扣紧，校正容器位置，使其中心与喂料中心重合，然后拧紧固定螺丝；

(c)把按要求取样或制作的混凝土拌和物试样用小铲分三层经喂料斗均匀地装入筒，装料及插捣的方法应符合相关规范的规定；

(d)把喂料斗转离，垂直地提起坍落度筒，此时应注意不使混凝土试体产生横向的扭动；

(e)把透明圆盘转到混凝土圆台体顶面，放松侧杆螺钉，降下圆盘，将其轻轻置于混凝土顶面；

(f)拧紧定位螺钉，并检查测杆螺钉是否已经完全放松；

(g)在开启振动台的同时用秒表计时，当振动到透明圆盘的底面被水泥浆布满的瞬间停止计时，并关闭振动台。

4)由秒表读出的时间即为该混凝土拌和物的维勃稠度值，精确至 1 s。

5)混凝土拌和物稠度试验报告除应包括本标准《维勃稠度仪》(JG 3043—1997)第 1.0.3 条的内容外，还应报告混凝土拌和物的维勃稠度值。

试验数据记录在表 5-2 中。

表 5-2　混凝土拌和物和易性试验记录

混凝土拌和物和易性试验报告表									
序号	材料用量/kg				测定结果				
	水泥	砂子	石子	水	坍落度值/mm	坍落扩展度值/mm	黏聚性	保水性	综合测定和易性是否符合要求
1									
2									
3									

5.2 混凝土拌和物凝结时间试验

混凝土凝结时间可分为初凝和终凝，初凝时间是指从加水起到混凝土开始失去塑性的时间段，终凝时间是指从混凝土加水至完全失去塑性的时间段。凝结时间可用于确定混凝土是否易于浇筑施工及适合承受荷载，是评价混凝土拌和物的重要技术指标。

5.2.1 试验仪器

试验仪器见图 5-1～图 5-6。

5.2.2 试验过程

1)从按要求制备或现场取样的混凝土拌和物试样中，用 5 mm 标准筛筛出砂浆，每次应筛净，然后将其拌和均匀。将砂浆一次分别装入 3 个试样筒中，做 3 个试验。取样混凝土坍落度不大于 70 mm 的混凝土宜用振动台振实砂浆；取样混凝土坍落度大于 70 mm 的混凝土宜用捣棒人工捣实。用振动台振实砂浆时，振动应持续到表面出浆为止，不得过振；用捣棒人工捣实时，应沿螺旋方向由外向中心均匀插捣 25 次，然后用橡皮锤轻轻敲打筒壁，直至插捣孔消失为止。振实或插捣后，砂浆表面应低于砂浆试样筒口约 10 mm；砂浆试样筒应立即加盖。

2)砂浆试样制备完毕并编号，然后应置于温度为(20±2)℃的环境中或现场同条件下待试，并在以后的整个测试过程中，环境温度应始终保持在(20±2)℃。现场同条件测试时，应与现场条件保持一致。在整个测试过程中，除在吸取泌水或进行贯入试验外，试样筒应始终加盖。

3)凝结时间测定从水泥与水接触瞬间开始计时。根据混凝土拌和物的性能，确定测针试验时间，以后每隔 0.5 h 测试一次，在临近初、终凝时可增加测定次数。

4)在每次测试前 2 min，将一片 20 mm 厚的垫块垫入筒底一侧使其倾斜，用吸管吸去表面的泌水，吸水后平稳地复原。

5)测试时将砂浆试样筒置于贯入阻力仪上，测针端部与砂浆表面接触，然后在(10±2)s 均匀地使测针贯入砂浆(25±2)mm 深度，记录贯入压力，精确至 10 N；记录测试时间，精确至 1 min；记录环境温度，精确至 0.5℃。

6)各测点的间距应大于测针直径的 2 倍且不小于 15 mm。测点与试样筒壁的距离应不小于 25 mm。

7)贯入阻力测试在 0.2～28 MPa 之间应至少进行 6 次，直至贯入阻力大于 28 MPa 为止。

8)在测试过程中，应根据砂浆凝结状况适时更换测针。

5.2.3 数据处理

贯入阻力的结果计算以及初凝时间和终凝时间的确定应按下述方法进行：

1)贯入阻力应按下式计算：

$$f_{PR}=\frac{P}{A} \tag{5-1}$$

式中：f_{PR}——贯入阻力，MPa；

P——贯入压力，N；

A——测针面积，mm^2。

计算结果应精确至 0.1 MPa。

2)凝结时间确定。凝结时间宜通过线性回归方法确定，是将贯入阻力 f_{PR} 和时间 t 分别取自然对数 $\ln f_{PR}$ 和 $\ln t$，然后把 $\ln f_{PR}$ 当作自变量，把 $\ln t$ 当作因变量，作线性回归，得到回归方程：

$$\ln t = A + B\ln f_{PR} \tag{5-2}$$

式中：t——时间，min；

f_{PR}——贯入阻力，MPa；

A，B——线性回归系数。

根据式(5-2)求得，当贯入阻力为 3.5 MPa 时为初凝时间 t_s，贯入阻力为 28 MPa 时为终凝时间 t_e：

$$t_s = e^{(A+B\ln 3.5)} \tag{5-3}$$

$$t_e = e^{(A+B\ln 28)} \tag{5-4}$$

式中：t_s——初凝时间，min；

t_e——终凝时间，min；

A，B——式(5-2)中的线性回归系数。

凝结时间也可用绘图拟合方法确定，以贯入阻力为纵坐标，经过的时间为横坐标(精确至 1 min)，绘制出贯入阻力与时间之间的关系曲线，以 3.5 MPa 和 28 MPa 画两条平行于横坐标的直线，分别与曲线相交的两个交点的横坐标即为混凝土拌和物的初凝和终凝时间。

3)用三个试验结果的初凝和终凝时间的算术平均值作为此次试验的初凝和终凝时间。如果三个测值的最大值或最小值中有一个与中间值之差超过中间值的 10%，则以中间值为试验结果；如果最大值和最小值与中间值之差均超过中间值的 10%，则此次试验无效。凝结时间用 h ∶ min 表示，并修约至 5 min。

5.3　混凝土拌和物表观密度试验

5.3.1　试验仪器

除前述介绍的仪器外，混凝土拌和物表观密度试验还需要容量筒(见图 5-7)。

对骨料粒径不大于 40 mm 的混合物，采用容积为 5 L 的容量筒，其径与高为(186±2)mm，筒壁厚为 3 mm；骨料粒径最大为 40 mm 时，容量筒的径和高均大于骨料最大粒径的 4 倍。容量筒上缘和壁应光滑平整，顶面与底面应平行并与圆柱体的轴垂直。

容量筒应给予标定，标定方法可采用一块能覆盖住容量筒顶面的玻璃板，先称出玻璃板和空桶的质量，然后向容量筒中加入清水，当水接近上口时，一边不断加水，一边把玻璃板徐徐推入盖严，应注意使玻璃板下不带入任何气泡；然后擦净玻璃板面及筒壁外的水分，将容量筒连玻璃板放在台称上称其质量；两次称量的质量之差(kg)即为容量筒的容积 V。

图 5-7　容量筒

5.3.2　试验步骤

1)用湿布把容量筒外擦干净,称出容量筒质量,精确至 50 g。

2)混凝土的装料及捣实方法应根据拌和物的稠度而定。坍落度不大于 70 mm 的混凝土,用振动台振实为宜;坍落度大于 70 mm 的,用捣棒捣实为宜。采用捣棒捣实时,应根据容量筒的大小决定分层与插捣次数:用 5 L 容量筒时,混凝土拌和物应分两层装入,每层的插捣次数应为 25 次;用大于 5 L 的容量筒时,每层混凝土的高度不应大于 100 mm,每层插捣次数应按每 10 000 mm^2 截面不小于 12 次计算。各次插捣应由边缘向中心均匀地插捣,插捣底层时,捣棒应贯穿整个深度,插捣第二层时,捣棒应插透本层至下一层的表面;每一层捣完后,用橡皮锤轻轻沿容器外壁敲打 5～10 次,进行振实,直至拌和物表面插捣孔消失并不见大气泡为止。

采用振动台振实时,应一次将混凝土拌和物灌到高出容量筒口。装料时可用捣棒稍加插捣,振动过程中如混凝土低于筒口,应随时添加混凝土,振动直至表面出浆为止。

3)用刮尺将筒口多余的混凝土拌和物刮去,表面如有凹陷应填平;将容量筒外壁擦净,称出混凝土试样与容量筒总质量,精确至 50 g。

4)混凝土拌和物表观密度应按下式计算:

$$\gamma_h=(W_2-W_1)/V\times 1\ 000 \tag{5-5}$$

式中:γ_h——表观密度,kg/m^3;

W_1——容量筒质量,kg;

W_2——容量筒和试样总质量,kg;

V——容量筒容积,L。

试验结果精确至 10 kg/m^3。

5.4　混凝土拌和物抗压强度试验

混凝土立方体抗压强度作为调整混凝土配合比和确定混凝土强度等级的凭据,制作试件时,可直接从和易性符合要求的拌和物中取样,连续试验。每个配合比制作 1 组 3 个试件,可 6 个小组互相配合,每个小组做 1 个配合比,共享试验数据,标准养护至 28 d 龄期时测定抗压强度,或标准养护至 7 d 龄期测定抗压强度,并换算成 28 d 抗压强度值。

5.4.1　试验仪器

1)压力试验机；

2)振动台；

3)试模，由铸铁或钢制成。试模尺寸为 150 mm×150 mm×150 mm；

4)标准养护室温度为(20±2)℃，相对湿度大于 95%；

5)捣棒、小铁铲、金属直尺、钢卷尺以及抹刀等。

5.4.2　试验步骤

1)将试模清洗干净并拧紧螺栓，在试模的内表面涂一层机油或其他不与混凝土发生反应的脱模剂。

2)确定成形方法，对于坍落度不大于 70 mm 的混凝土，采用振动台振实，对于坍落度大于 70 mm 的混凝土，采用人工振实。

(a)用振动台振实时，将混凝土拌和物一次装入试模，装料时应用抹刀沿各试模壁插捣，并使混凝土拌和物高出试模口，然后将试模放在振动台上并加以固定，振动时试模不得有任何跳动，开动振动台至拌和物表面呈现水浆为止，不得过振。

(b)采用人工捣实时，将混凝土拌和物分两层装入试模内，每层的装料厚度大致相等。插捣按螺旋方向由边缘向中心均匀进行。插捣底层时，捣棒应到达试模底部；插捣上层时，捣棒应穿过上层后插入下层 20～30 mm。插捣时应保持捣棒垂直，不得倾斜，并用抹刀沿试模内壁插捣数次，以防止试件产生麻面，每层插捣次数规定为在 10 000 mm^2 截面积内不少于 12 次，插捣后用橡皮锤轻轻敲击试模四周，直至插捣棒留下的空洞消失为止。

3)刮去试模上口多余的混凝土，待混凝土临近初凝时，用抹刀抹平。

4)用不透水的薄膜覆盖试件表面，以防水分蒸发，并应在温度为(20±5)℃的情况下，静置一昼夜至两昼夜，然后编号拆模。

5)拆模后的试件应立即放在温度为(20±2)℃、湿度为 95%以上的标准养护室中养护，或在温度为(20±2)℃的不流动的 $Ca(OH)_2$ 饱和溶液中养护。在标准养护室内，试件应放在支架上，彼此间隔为 10～20 mm，并不得直接用水冲淋。

6)试件养护至标准龄期 28 d 时，自养护室取出，随即擦干水分并量其尺寸(精确至 1 mm)，据以计算试件的受压面积 A(mm^2)。

7)将试件安放在压力机的下承压板上，试件的承压面应与成形时的顶面垂直，试件的中心应与试验机下压板中心对准，开动试验机，当上压板与试件接近时，调整球座，使之接触均衡。

8)加压时，应持续而均匀地加荷，加荷速度为：混凝土强度等级＜C30 时，为每秒钟 0.3～0.5 MPa；混凝土强度等级≥C30 且＜C60 时，为每秒钟 0.5～0.8 MPa；混凝土强度等级≥C60 时，为每秒钟 0.8～1.0 MPa。

9)当试件接近破坏而开始迅速变形时，停止调整试验机油门，直至试件破坏，记录破坏荷载 P(N)。

10)试件的抗压强度按下式计算(精确至 0.1 MPa)：

$$f=\frac{P}{A} \tag{5-6}$$

式中：f——抗压强度，MPa；

P——破坏荷载，N；

A——受压面积，mm^2。

混凝土立方体抗压强度试验报告见表 5-3。

表 5-3　混凝土立方体抗压强度试验报告

<table>
<tr><td>成形日期</td><td></td><td>检验日期</td><td colspan="2"></td><td>龄　期</td><td></td></tr>
<tr><td>序　号</td><td>承压面积/mm²</td><td>破坏荷载/kN</td><td colspan="3">抗压强度/MPa</td><td>28 d 龄期标准试件强度值/MPa</td></tr>
<tr><td rowspan="3">配合比 1
(W/C=)</td><td></td><td></td><td></td><td rowspan="3" colspan="2"></td><td rowspan="3"></td></tr>
<tr><td></td><td></td><td></td></tr>
<tr><td></td><td></td><td></td></tr>
<tr><td rowspan="3">配合比 2
(W/C=)</td><td></td><td></td><td></td><td rowspan="3" colspan="2"></td><td rowspan="3"></td></tr>
<tr><td></td><td></td><td></td></tr>
<tr><td></td><td></td><td></td></tr>
<tr><td rowspan="3">配合比 3
(W/C=)</td><td></td><td></td><td></td><td rowspan="3" colspan="2"></td><td rowspan="3"></td></tr>
<tr><td></td><td></td><td></td></tr>
<tr><td></td><td></td><td></td></tr>
</table>

5.5　混凝土拌和物抗渗试验

5.5.1　试验仪器

混凝土拌和物抗渗试验采用的是混凝土抗渗仪，见图 5-8。

图 5-8　混凝土抗渗仪

5.5.2　试件制备

每组共 6 个 100 mm×100 mm×100 mm 的试件，如用人工插捣成形时，分两层装入混凝土拌和物，每层插捣 25 次，在标准条件下养护，如结合工程需要，则在浇筑地点制作，每单位工程制件不少于两组，其中至少一组应在标准条件下养护，其余试件在相同条件下养护，试块养护期不少于 28 d,不超过 90 d。

试件成形后 24 h 拆模,用钢丝刷刷净两端面水泥浆膜,标准养护龄期为 28 d。

5.5.3　试验步骤

试件养护到期后取出,擦干表面,用钢丝刷刷净两端面,待表面干燥后,在试件侧面滚涂一层溶化的密封材料(黄油掺滑石粉),装入抗渗仪上进行试验。

在试验中,如果水从试件周边渗出,说明密封性不好,要重新密封。

试验时,水压从 0.2 MPa 开始,每隔 8 h 增加水压 0.1 MPa,并随时注意观察试件端面情况,一直加至 6 个试件中的 3 个试件表面渗水,记下此时的水压力,即可停止试验。

注:当加压至设计抗渗标号,经过 8 h 后第三个试件仍不渗水,表明混凝土满足设计要求,也可停止试验。

5.5.4　试验结果计算

混凝土的抗渗标号以每组 6 个试件中 4 个未发生渗水现象的最大压力表示。抗渗标号按下式计算:

$$S=10H-1 \tag{5-7}$$

式中:S——混凝土抗渗标号;

H——第三个试件顶面开始渗水时的压力,MPa。

注:混凝土抗渗标号分级为 S2,S4,S6,S8,S10,S12,若压力加至 1.2 MPa,经过 8 h,第三个试件仍未渗水,则停止试验,试件的抗渗标号以 S12 表示。

若抗渗性不符合相应要求,分析如下:

影响混凝土抗渗性的根本因素是孔隙率和孔隙特征。混凝土的孔隙率越低,连通孔越少,抗渗性越好。为了最大限度地降低混凝土的孔隙率,提高混凝土的抗渗性,主要的措施是降低水灰比,选择好的骨料级配,充分振捣和养护,掺用引气剂和优质粉煤灰掺和料等。

5.5.5　提高混凝土抗渗性能的措施

1)选择合理的水灰比及灰砂比,改善混凝土抗渗性。试验表明,当 $W/C>0.55$ 时,抗渗性很差,当 $W/C<0.50$ 时,抗渗性较好。

2)骨料级配。实践证明,容重大、空隙小、级配良好的骨料所配制的混凝土抗渗能力不一定好。相反,骨料空隙大、容重小的混凝土抗渗性能更好,即砂石级配的优劣对混凝土抗渗性能影响不大。

3)引气剂的掺用。引气剂可以让微小气泡切断许多毛细孔的通道,当含气量超过 6%时,混凝土强度会急剧降低。

4)粉煤灰的掺用。由试验可知,粉煤灰混凝土的抗渗性能好于基准混凝土,这是由于粉煤灰的活性物质发生了二次水化反应,粉煤灰密实度得以提高。

课后思考题

1)混凝土的和易性包括哪些方面?为什么和易性中的两个指标主要还需通过定性测量?

2)塌落度和维勃稠度法的使用条件分别是什么?

第6章　建筑砂浆试验

砂浆的稠度和分层度是指砂浆在自重力或外力作用下易于流动和稳定的性能，可以确定在运输及停放时砂浆拌和物的稳定性，是评价砂浆工作性能的指标之一。掌握砂浆稠度的试验方法和适用范围，熟悉砂浆稠度和分层度测定仪的操作规程，是本章的学习内容。

6.1　砂浆稠度试验

6.1.1　试验仪器

1.砂浆稠度仪

砂浆稠度仪由试锥、容器和支座三部分组成(见图6-1)。试锥由钢材或铜材制成，试锥高度为145 mm，锥底直径为75 mm，试锥连同滑杆的质量为300 g；盛砂浆容器由钢板制成，筒高为180 mm，锥底内径为150 mm；支座包括底座、支架及稠度显示三部分，由铸铁、钢及其他金属制成。

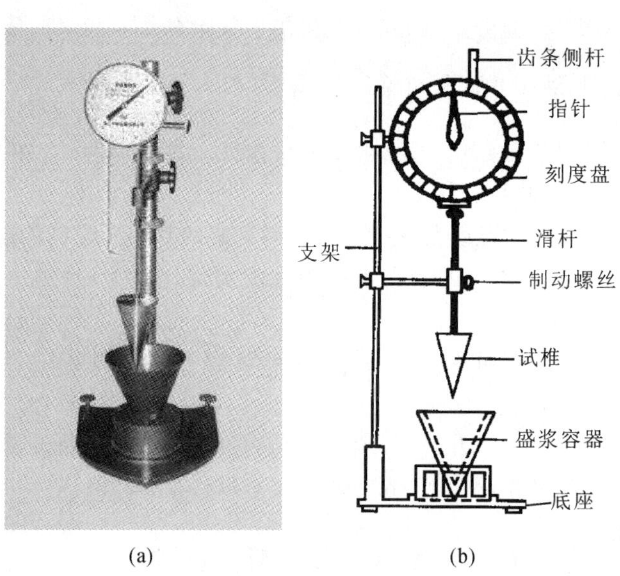

图6-1　砂浆稠度仪
(a)实物；(b)结构示意图

2.分层度试验仪

砂浆分层度筒内径为 150 mm，上节高度为 200 mm，下节带底净高为 100 mm，用金属板制成，上、下层连接处需加宽到 3～5 mm，并设有橡胶热圈，见图 6-2。

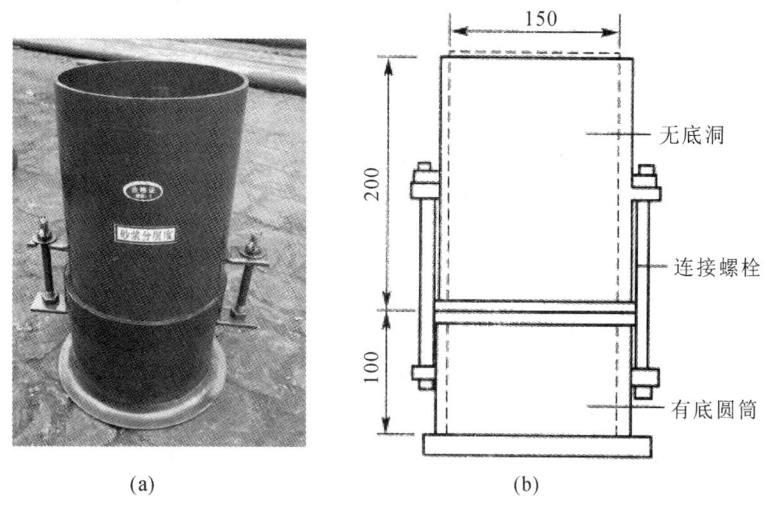

(a)　　(b)

图 6-2　砂浆分层度试验仪

(a)实物；(b)结构示意图(单位：mm)

3.振动台

振动台(见图 6-3)的振幅为(0.5±0.05)mm，频率为(50±3)Hz。

图 6-3　振动台

4.铜制捣棒

铜制捣棒的直径为 10 mm，长为 350 mm，端部磨圆。

5.秒表、铁铲等

6.1.2　试验步骤

1)把盛浆容器和试锥表面用湿布擦干净，用少量润滑油轻擦滑杆后，将滑杆上多余的油用吸油纸擦净,使滑杆能自由滑动。

2)将砂浆拌和物一次装入容器,使砂浆表面低于容器口 10 mm 左右,用捣棒自容器中心向边缘插捣 25 次,然后轻轻地将容器摇动或敲击 5~6 下,使砂浆表面平整,随后将容器置于稠度测定仪的底座上。

3)拧开试锥滑杆的制动螺丝,向下移动滑杆。当试锥尖端与砂浆表面刚接触时,拧紧制动螺丝,使齿条测杆下端刚刚接触到滑杆上端,并将指针对准零点。

4)拧开制动螺丝,同时计时,10 s 后立即固定螺丝,使齿条测杆下端接触滑杆上端,从刻度盘上读出下沉深度(精确至 1 mm),即为砂浆的稠度值。

5)对于圆锥形容器内的砂浆,只允许测定一次稠度,重复测定时,应重新取样测定。

水泥砂浆凝结时间测定试验报告见表 6-1。

表 6-1　水泥砂浆凝结时间测定试验报告

凝结时间测定							
试验日期				试验室温度 T/℃			
试验次数	试样质量/g	用水量/g	开始加水时间	初凝部分		终凝部分	
				初凝开始时间	初凝结束时间	终凝开始时间	终凝结束时间

6.2　砂浆保水性试验

本试验用于测定砂浆保水性,以判定砂浆拌和物在运输及停放时内部组分的稳定性。

6.2.1　试验仪器

除本章所述仪器外,还需以下几种仪器:

1)金属或硬塑料圆环试模,内径为 100 mm、内部高度为 25 mm;

2)可密封的取样容器,应清洁、干燥;

3)2 kg 的重物;

4)医用棉纱,尺寸为 110 mm×110 mm,宜选用纱线稀疏、厚度较薄的棉纱;

5)超白滤纸,应符合《化学分析滤纸》(GB/T 1914—2017)对中速定性滤纸的要求。直径为 110 mm,密度为 200 g/m^2;

6)两片金属或玻璃的方形或圆形不透水片,边长或直径大于 110 mm;

7)天平:量程为 200 g, 感量为 0.1 g;

8)烘箱(见图 6-4)。

图 6-4　烘箱

6.2.2　试验步骤

1)称量底部不透水片与干燥试模的质量 m_1 和 15 片中速定性滤纸的质量 m_2；

2)将砂浆拌和物一次性装入试模,并用抹刀插捣数次,当装入的砂浆略高于试模边缘时,用抹刀以 45°角方向一次性将试模表面多余的砂浆刮去,然后再用抹刀以较平的角度在试模表面反方向将砂浆刮平；

3)抹掉试模表面的砂浆,称量试模、底部不透水片与砂浆的总质量 m_3；

4)将金属滤网覆盖在砂浆表面,再在滤网表面放 15 片滤纸,用不透水片盖在滤纸表面,用 2 kg 的重物把上部不透水片压住；

5)静置 3 min 后移走重物及不透水片,取出滤纸(不包括滤网),迅速称量滤纸质量 m_4；

6)按照砂浆的配比及加水量计算砂浆的保水率。砂浆保水率按下式计算：

$$W=\left[1-\frac{m_4-m_2}{a\times(m_3-m_1)}\right]\times 100\% \tag{6-1}$$

式中:W——砂浆保水率,%；

m_1——底部不透水片与干燥试模质量,g,精确至 1 g；

m_2——15 片滤纸吸水前的质量,g,精确至 0.1 g；

m_3——试模、底部不透水片与砂浆总质量,g,精确至 1 g；

m_4——15 片滤纸吸水后的质量,g, 精确至 0.1 g；

a——砂浆含水率,%

6.3　砂浆分层度试验

6.3.1　试验仪器

1)无底圆筒,连接螺栓,有底圆筒；

2)振动台:振幅[(0.5±0.05)mm],频率[(50±3)Hz]；

3)稠度仪、木锤、分层度仪等。

6.3.2　试验过程

1)先将砂浆拌和物按 6.1 节所述稠度试验方法测定稠度；

2)将砂浆拌和物一次装入分层度筒内，装满后，用木锤在容器周围距离大致相等的4个不同部位轻轻敲击1～2下，如砂浆沉落到低于筒口，则应及时添加，然后刮去多余的砂浆并用抹刀抹平；

3)静置30 min后，去掉上节200 mm砂浆，倒出剩余的100 mm砂浆放在拌和锅内，拌2 min，再按稠度试验方法测其稠度。前后测得的稠度之差即为该砂浆的分层度值。

注：也可采用快速法测定分层度，其步骤是：按稠度试验方法测定稠度；将分层度筒预先固定在振动台上，砂浆一次装入分层度筒内，振动20 s；去掉上节200 mm砂浆，剩余100 mm砂浆倒出放在拌和锅内拌2 min，再按6.1节所述稠度试验方法测其稠度，前后测得的稠度之差即为该砂浆的分层度值。如有争议，以标准法为准。

6.3.3 数据处理

1)取两次试验结果的算术平均值作为该砂浆的分层度值；

2)两次分层度试验值之差大于10 mm时，应重新取样测定。

试验数据记录见表6-2。

表6-2 建筑砂浆分层度试验统计表

<table>
<tr><td colspan="5">建筑砂浆分层度试验统计表</td></tr>
<tr><td colspan="2">试验日期</td><td colspan="3"></td></tr>
<tr><td>试验室温度/°C</td><td></td><td colspan="2">拌和方法</td><td></td></tr>
<tr><td>试验次数</td><td>静置前稠度/mm</td><td>静置后稠度/mm</td><td>分层度/mm</td><td>平均分层度/mm</td></tr>
<tr><td></td><td></td><td></td><td></td><td rowspan="5"></td></tr>
<tr><td></td><td></td><td></td><td></td></tr>
<tr><td></td><td></td><td></td><td></td></tr>
<tr><td></td><td></td><td></td><td></td></tr>
<tr><td></td><td></td><td></td><td></td></tr>
</table>

6.4 砂浆立方体抗压强度试验

6.4.1 试验仪器

1.试模

尺寸为70.7 mm×70.7 mm×70.7 mm的带底试模(见图6-5)，材质规定参照《混凝土试模》(JG 3019—1994)第4.1.3及4.2.1条，应具有足够的刚度并拆装方便。对试模的内表面进行机械加工，其加工误差应为每100 mm不超过0.05 mm，组装后各相邻面的不垂直度不应超过±0.5°。

图 6-5　建筑砂浆试模

2.钢制捣棒

钢制捣棒的直径为 10 mm,长为 350 mm,端部应磨圆,见图 6-6。

图 6-6　钢制捣棒

3.压力试验机

压力试验机的精度为 1%,试件破坏荷载应不小于压力机量程的 20%,且不大于全量程的 80%,见图 6-7。

图 6-7　压力试验机

4.垫板

试验机上、下压板及试件之间可垫钢垫板，垫板的尺寸应大于试件的承压面，其不平度应为每 100 mm 不超过 0.02 mm。

5.振动台

空载中台面的垂直振幅应为(0.5±0.05)mm，空载频率应为(50±3)Hz，空载台面振幅均匀度不大于 10%，一次试验至少能固定 3 个试模。

6.4.2 试验过程

1)采用立方体试件，每组 3 个试件。

2)用黄油等密封材料涂抹试模的外接缝，试模内涂刷薄层机油或脱模剂，将拌制好的砂浆一次性装满砂浆试模，成形方法根据稠度而定。当稠度≥50 mm 时采用人工振捣成形，当稠度<50 mm 时采用振动台振实成形。

(a)人工振捣：用捣棒均匀地由边缘向中心按螺旋方式插捣 25 次，插捣过程中如砂浆沉落，低于试模口，应及时添加砂浆，可用油灰刀插捣数次，并用手将试模一边抬高 5～10 mm 各振动 5 次，使砂浆高出试模顶面 6～8 mm。

(b)机械振动：将砂浆一次装满试模，放置到振动台上，振动时试模不得跳动，振动 5～10 s 或持续到表面出浆为止，不得过振。

3)待表面水分稍干后，将高出试模部分的砂浆沿试模顶面刮去并抹平。

4)试件制作完成后应在室温为 20℃的环境下静置 24 h，当气温较低时，可适当延长时间，但不应超过两昼夜，然后对试件进行编号、拆模。试件拆模后应立即放入温度为 20℃，相对湿度为 90%以上的标准养护室中养护。养护期间，试件彼此间隔不小于 10 mm，混合砂浆试件表面应覆盖，以防止水滴在试件上。

5)试件从养护地点取出后应及时进行试验。试验前将试件表面擦拭干净，测量尺寸，检查其外观，据此计算试件的承压面积，如实测尺寸与公称尺寸之差不超过 1 mm，可按公称尺寸进行计算。

6)将试件安放在试验机的下压板上，试件的承压面应与成形时的顶面垂直，试件中心应与试验机下压板中心对准。开动试验机，当上压板与试件接近时，调整球座，使接触面均衡受压。承压试验应连续而均匀地加荷，加荷速度应为 0.25～1.5 kN/s，当试件接近破坏而开始迅速变形时，停止调整试验机油门，直至试件破坏，然后记录破坏荷载。

砂浆立方体抗压强度应按下式计算：

$$f_{m,cu}=K\frac{N_u}{A} \tag{6-2}$$

式中：$f_{m,cu}$——砂浆立方体试件抗压强度(MPa)，精确至 0.1 MPa；

N_u——试件破坏荷载；

A——试件承压面积；

K——换算系数，取 1.35。

当三个测值的最大值或最小值中如有一个与中间值的差值超过中间值的 15%时，则把最大值及最小值一并舍除，取中间值作为该组试件的抗压强度值；如有两个测值与中间值的差值均超过中间值的 15%时，则该组试件的试验结果无效，抗压试验数据记录见表 6－3。

表 6－3　抗压试验数据记录

龄　期	28 d					
试 件 编 号	1	2	3	4	5	6
试件受压面积 A/mm^2						
破坏荷载 F/N						
抗压强度极限 $f_{m,cu}=\frac{F}{A}/(\text{N}\cdot\text{mm}^{-2})$						
平均压强/MPa						
设计要求等级						
结　论						

课后思考题

1)进行砂浆立方体抗压强度试验时，有哪些注意事项？对砂子的选择有什么要求？

2)砂浆稠度和分层度试验的联系和区别是什么？

第7章 钢筋试验

力学性能是钢材最重要的使用性能，在建筑结构中，对承受静荷载作用的钢材，要求具有一定力学强度，并要求所产生的变形不致影响结构的正常工作和安全使用；对承受动荷载作用的钢材，还要求其具有较高的韧性而不致发生断裂。

1.强度

在外力作用下，材料抵抗变形和断裂的能力称为强度，测定钢材强度的主要方法是拉伸试验，钢材受拉时，在产生应力的同时，相应地产生应变，应力和应变的关系反映了钢材的主要力学特征。低碳钢受拉时的应力-应变曲线(见图7-1)具有典型意义。根据材料变形的性质，曲线可以细分为六个阶段：比例弹性阶段($O\rightarrow p$)、非比例弹性阶段($p\rightarrow E$)，弹塑性阶段($E\rightarrow s$)，塑性阶段或屈服阶段($s\rightarrow s'$)、应变强化阶段($s'\rightarrow b$)，颈缩破坏阶段($b\rightarrow f$)。

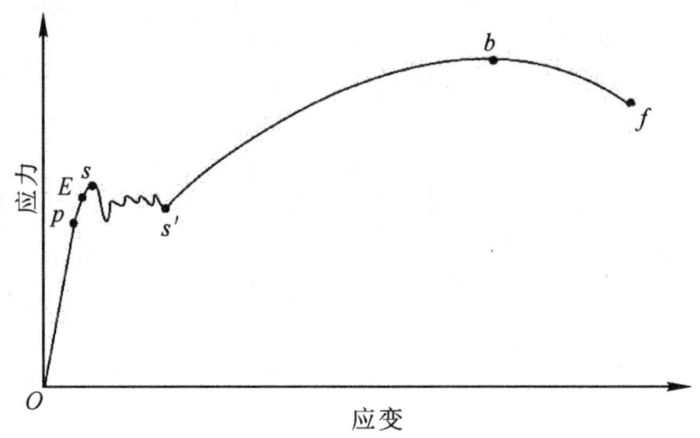

图7-1 低碳钢受拉时的应力-应变曲线

2.弹性模量和比例极限

钢材受力初期，应力与应变成正比例增长，应力与应变之比为常数，称为弹性模量E($E=\sigma/\varepsilon$)。这个阶段的最大应力(p点对应值)称为比例极限σ_p。

弹性模量反映了材料受力时抵抗弹性变形的能力，即材料的刚度，它是钢材在静荷载作用下计算结构变形的一个重要指标。E值越大，抵抗弹性变形的能力越大；在一定荷载作用下，E值越大，材料发生的弹性变形量越小。一些对变形要求严格的构件，为了把弹性变形控制在一定限度内，应选用刚度大的钢材。

3.弹性极限

应力超过比例极限后，应力-应变曲线略有弯曲，应力与应变不再成正比例关系，但卸去外力时，试件变形仍能立即消失，此阶段产生的变形是弹性变形。不产生残留塑性变形的最大应力（E 点对应值）称为弹性极限 σ_c。事实上，σ_p 与 σ_c 相当接近。

4.屈服强度

应力超过弹性极限后，变形增加较快，此时除产生弹性变形外还产生部分塑性变形。应力达到 s 点后，塑性应变急剧增加，曲线出现一个波动的小平台，这种现象称为屈服。这一阶段的最大、最小应力分别称为上屈服点和下屈服点。由于下屈服点的数值较为稳定，因此以它作为材料抗力的指标，称为屈服点或屈服强度，用 σ_s 表示。有些钢材无明显的屈服现象，通常以发生微量塑性变形（0.2%）时的应力作为该钢材的屈服强度，称为条件屈服强度（$\sigma_{0.2}$），见图 7-2。

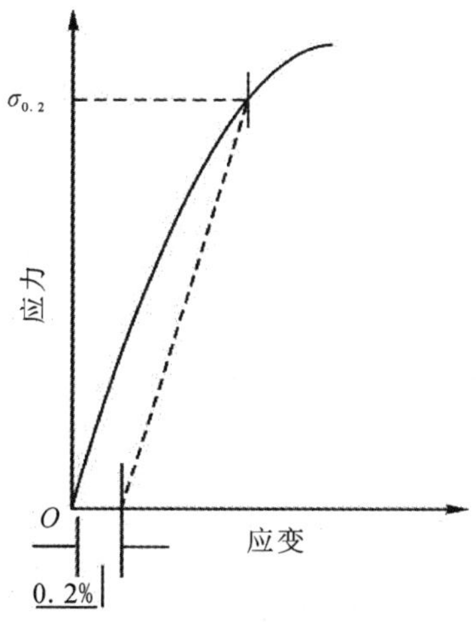

图 7-2　条件屈服强度示意图

屈服点是钢材力学性质最重要的指标。如果钢材在超过屈服点以上工作，虽然没有断裂，但会产生不允许的结构变形，一般不能满足使用上的要求。因此，在结构设计时，屈服点是确定钢材允许应力的主要依据。

5.极限强度

钢材屈服到一定程度后，由于内部晶粒重新排列，其抵抗变形能力又重新提高，此时变形虽然发展很快，但却只能随着应力的提高而提高，直至应力达最大值。此后，钢材抵抗变形的能力明显降低，并在最薄弱处发生较大塑性变形，此处试件截面迅速缩小，出现颈缩现象，直至断裂破坏（f 点）。

钢材受拉断裂前的最大应力值（b 点对应值）称为强度极限或抗拉强度 σ_b。抗拉强度虽然是材料抵抗断裂破坏能力的一个重要指标，可是在结构设计中却不能利用。然而屈服点与抗拉强度之比（屈强比）却有一定的意义。屈强比愈小，则结构安全度愈大，不易发生脆性断裂和局部超载引起的破坏，但屈强比太小，则不能充分发挥钢材的强度水平。通常情况下，屈强比在 0.60～0.75 范围内比较合适。

拉伸试验测得的是钢材的抗拉强度，而钢材同样具有高的抗压强度和抗弯强度。与混凝土、砖石的相应强度进行比较，钢材各种强度性能的高强程度不尽相同。钢材抗压强度仅比混凝土大十几倍，但抗拉强度却要高数百倍。相对于其他材料，钢材高强的显著性顺序为：抗拉强度＞抗弯强度＞抗压强度。从这一点来看，把钢材用于抗拉、抗弯构件，更能发挥其特性。

7.1 钢筋的取样方法

混凝土用热轧光圆钢筋、带肋钢筋的牌号、公称直径以及横截面面积见表 7-1、表 7-2。

表 7-1 钢筋的牌号及其含义

类 别	牌 号	牌号构成	英文字母含义
热轧光圆钢筋	HPB235	由 HPB＋屈服强度特征值构成	HPB——热轧光圆钢筋的英文(Hot rolled Plain Bars)缩写
	HPB300		
普通热轧带肋钢筋	HRB335	由 HRB＋屈服强度特征值构成	HRB——热轧带肋钢筋的英文(Hot rolled Ribbed Bars)缩写
	HRB400		
	HRB500		
细晶粒热轧带肋钢筋	HRBF335	由 HRBF＋屈服强度特征值构成	HRBF——热轧带肋钢筋的英文缩写后加“细”的英文(Fine)首位字母
	HRBF400		
	HRBF500		

表 7-2 钢筋的公称直径、横截面面积

类 别	公称直径/mm	公称横截面面积/mm²	公称直径/mm	公称横截面面积/mm²
热轧光圆钢筋	5.5	23.76	14	153.9
	6.5	33.18	16	201.1
	8	50.27	18	254.5
	10	78.54	20	314.2
	12	113.1		
热轧带肋钢筋	6	28.27	22	380.1
	8	50.27	25	490.9
	10	78.54	28	615.8
	12	113.1	32	804.2
	14	153.9	36	1018
	16	201.1	40	1257
	18	254.5	50	1964
	20	314.2		

注：理论质量按密度为 7.85 g/cm^3 计算。

7.1.1　组批规则

钢筋应按批进行检查和验收，每批由同一牌号、同一炉罐号、同一规格的钢筋组成。

每批质量通常不大于 60 t。超过 60 t 的部分，每增加 40 t(或不足 40 t 的余数)，增加一个拉伸试验试样和一个弯曲试验试样。

允许由同一牌号、同一冶炼方法、同一浇注方法的不同炉罐号组成混合批。各炉罐号含碳量之差不大于 0.02%，含锰量之差不大于 0.15%。混合批的质量不大于 60 t。

7.1.2　取样方法

每批钢筋的检验项目、取样方法和试验方法应符合表 7－3 的规定。

表 7－3　钢筋的检验项目、取样方法和试验方法

钢筋种类	每组试件数量	
	拉伸试验	弯曲试验
热轧带肋钢筋	2 根	2 根
热轧光圆钢筋	2 根	2 根

注：取样方法为任选两根钢筋切取。

凡是表 7－3 中规定取两个试件的，均应从两根(或两盘)中分别切取，每根钢筋上切取一个拉力试件、一个冷弯试件。低碳钢热轧圆盘条，冷弯试件应取自同盘的两端。切取试件时，应在钢筋或盘条的任意一端截去 500 mm 后切取。

7.1.3　试件要求

拉伸试件的长度 L(见图 7－3)，按下式计算后截取：

$$L = L_0 + 2h + 2h_1 \tag{7-1}$$

式中：L，L_w——拉伸试件和冷弯试件的长度，mm；

L_0——拉伸试件的标距，mm；

h，h_1——夹具长度和预留长度，mm，$h_1=(0.5\sim1)a$；

a——钢筋的公称直径，mm。

对于光圆钢筋，一般要求夹具之间的最小自由长度不小于 350 mm；

对于带肋钢筋，夹具之间的最小自由长度一般要求：$d\leqslant25$ 时，最小自由长度不小于 350 mm；$25<d\leqslant32$ 时，最小自由长度不小于 400 mm；$32<d\leqslant50$ 时，最小自由长度不小于 500 mm。

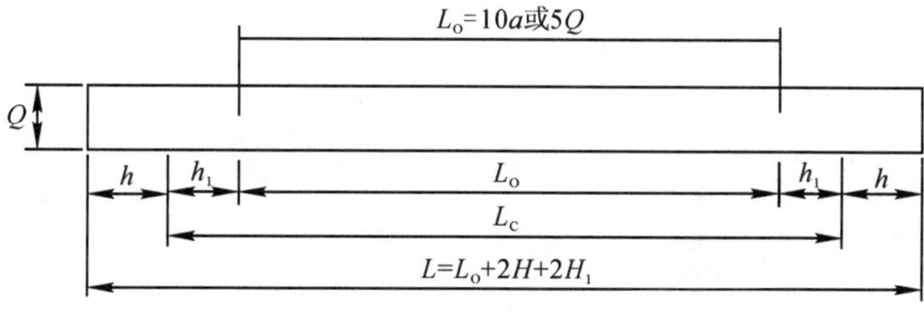

图 7－3　钢筋拉伸试验试件

7.2 钢筋拉伸试验

7.2.1 试验仪器

1.万能试验机

万能试验机(见图 7-4)测力示值误差应不大于±1%;在规定负荷下停止施荷时,试验机操作应能精确到测力度盘上的一个最小分格,负荷示值至少能保持 30 s;试验机应具有调速指示装置,能在标准规定的速度范围内灵活调节,且加、卸荷平稳;试验机还应备有记录装置,能满足标准用绘图法测定强度特性的要求。

图 7-4 万能试验机

2.引伸计

引伸计(见图 7-5)可用于测定试样的伸长率,其准确度级别应符合《金属材料单轴试验用引伸计系统的标定》(GB/T 12160—2019)的要求。一般使用引伸计应不劣于 1 级,测定具有较大延伸率的材料性能时,引伸计也不应劣于 2 级。

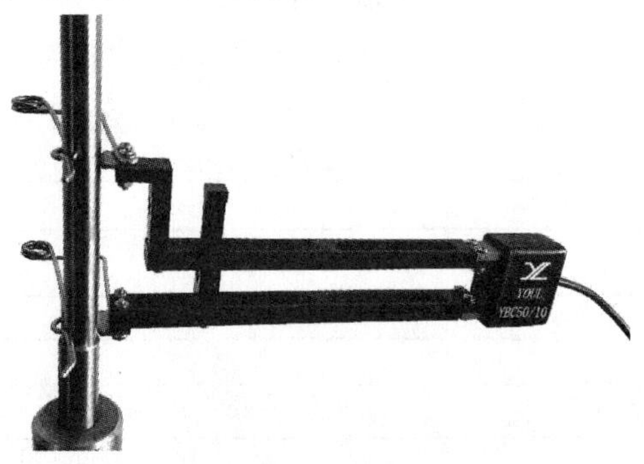

图 7-5 引伸计

3.试样尺寸测量仪器

可根据试样尺寸测量精度的要求，选用相应精度的任一种量具或仪器，如游标卡尺(见图 7－6)、螺旋千分尺等。

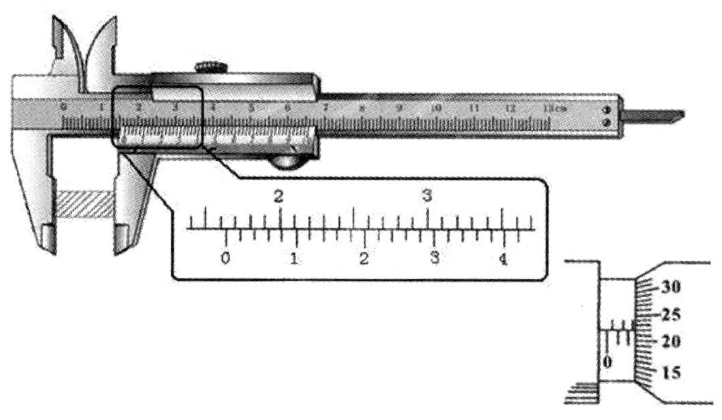

图 7－6　游标卡尺

7.2.2　试验过程

1.试验准备

首先测量试样标距两端和中间这三个截面处的尺寸，对于圆试样，在每一横截面内沿互相垂直的两个直径方向各测量一次，取其平均值。用测得的 3 个平均值中最小的值计算试样的原始横截面面积 A。

2.试验过程

1)将试件上端固定在试验机上夹具内，调整试验机零点，装好描绘器、纸、笔等，再用下夹具固定试件下端。

2)开动试验机进行拉伸。拉伸速度为：屈服前应力增加速度为 10 MPa/s；屈服后试验机活动夹头在荷载下移动速度不大于 $0.5L_c$/min，直至试件拉断。

3)在拉伸过程中，测力度盘指针停止转动时的恒定荷载或第一次回转时的最小荷载，即为屈服荷载 F_s(N)。向试件继续加荷直至试件拉断，读出最大荷载 F_b(N)。

4)测量试件拉断后的标距长度 L_1。将已拉断的试件两端在断裂处对齐，尽量使其轴线位于同一条直线上。

当拉断处距离邻近标距端点大于 $L_0/3$ 时，可用游标卡尺直接量出 L_1。当拉断处距离邻近标距端点小于或等于 $L_0/3$ 时，可按下述移位法确定 L_1：在长段上自断点起，取等于短段格数得 B 点，再取等于长段所余格数[见图 7－7(a)]之半得 C 点；或者取所余格数[见图 7－7(b)]减 1 与加 1 之半得 C 与 C_1 点。则移位后的 L_1 分别为 AB＋2BC 或 AB＋BC＋BC_1。

$$L_1 = AB + 2BC \quad L_1 = AB + BC + BC_1 \tag{7-2}$$

如果直接测量所求得的伸长率能达到技术条件要求的规定值，则可不采用移位法。

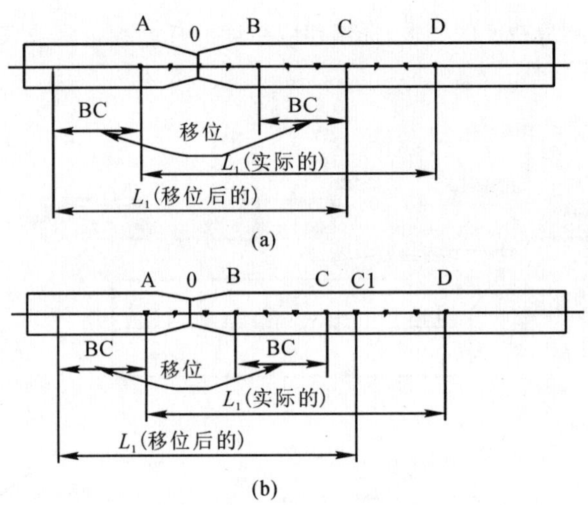

图 7-7　拉伸试验长度测定示意图

3.试验结果评定

(1)上屈服强度和下屈服强度的测定

图解方法:试验时，记录力-延伸曲线或力-位移曲线，从曲线图读取力首次下降前的最大力和不计初时瞬时效应时屈服阶段中的最小力或屈服平台的恒定力，将其分别除以试样原始横截面积，得到上屈服强度和下屈服强度。仲裁试验采用图解方法。

指针方法:试验时，读取测力度盘指针首次回转前指示的最大力和不计初时瞬时效应时屈服阶段中指示的最小力和首次停止转动的指示的恒定力，将其分别除以试样原始横截面积，得到上屈服强度和下屈服强度，在实践中将钢筋的下屈服强度定为钢筋的屈服强度 σ_s。

钢筋的屈服点 σ_s 按下式计算:

$$\sigma_s = \frac{F_s}{A} \tag{7-3}$$

式中:σ_s——钢筋的屈服点;

F_s——钢筋的屈服荷载，N;

A——试件的公称横截面积 mm^2。

当 σ_s 大于 1 000 MPa 时，应计算至 10 MPa，按"四舍六入五单双法"修约;为 200～1 000 MPa 时，计算至 5 MPa，按"二五进位法"修约;小于 200 MPa 时，计算至 1 MPa，小数点数字按"四舍六入五单双法"处理。

(2)抗拉强度测定

抗拉强度可以采用图解法或指针法测定。

对于呈现明显屈服(不连续屈服)现象的金属材料，从记录的力-延伸或力-位移曲线图(见图 7-8)，或从测力度盘，可以读取超过屈服阶段之后的最大力;对于呈现无明显屈服(连续屈服)现象的金属材料,从记录的力-延伸或力-位移曲线图,或从测力度盘,读取试验过程中的最大力。最大力除以试样原始横截面积(A)得到抗拉强度(σ_b)。

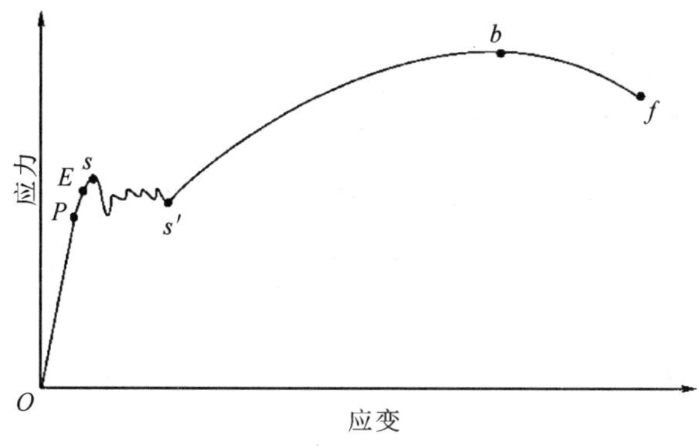

图 7-8　钢筋拉伸屈服曲线

可以使用自动装置(如微处理机等)或自动测试系统测定上抗拉强度,可以不绘制拉伸曲线图。钢筋的抗拉强度按下式计算:

$$\sigma_b=\frac{F_b}{A} \tag{7-4}$$

式中:σ_b——钢筋的抗拉强度,MPa;

F_b——钢筋的屈服荷载,N;

A——试件的公称横截面积,mm^2。

当σ_b大于 1 000 MPa 时,应计算至 10 MPa,按“四舍六入五单双法”修约;为 200～1 000 MPa 时,计算至 5 MPa,按“二五进位法”修约;小于 200 MPa 时,计算至 1 MPa,小数点数字按“四舍六入五单双法”处理。

(3)断后伸长率的测定

为了测定断后伸长率,应将试样断裂的部分仔细地配接在一起,使其轴线处于同一直线上,并采取特别措施确保试样断裂部分适当接触后,测量试样断后标距(见图 7-9)。对于小横截面试样和低伸长率试样更应注意这一点,其计算公式为

$$\delta=\frac{L_1-L_0}{L_0}\times 100\% \tag{7-5}$$

式中:δ——试件的断后伸长率;

L_0——试件原始标距长度,mm;

L_1——断裂试件拼合后标距的长度,mm。

由于试件颈缩断裂处变形较大,因而原标距与原直径之比越大,则计算伸长率就越小。所以,规定 $L_0=5d_0$,或 $L_0=10d_0$,对应的伸长率记为 δ_5 和 δ_{10}。对同一钢材,δ_5 大于 δ_{10}。

(4)断面收缩率的测定

测量时,将试样断裂部分仔细地配接在一起,使其轴线处于同一直线上。对于圆形横截面试样,在缩颈最小处相互垂直方向测量直径,取其算术平均值计算最小横截面积;对于矩形横截面试样,测量缩颈处的最大宽度和最小厚度,两者之乘积为断后最小横截面积。断裂后最小

横截面积的测定应准确到±2%。

原始横截面积 A_0 与断后最小横截面积 A_1 之差除以原始横截面积的百分率得到断面收缩率 ψ(见图 7-8)。

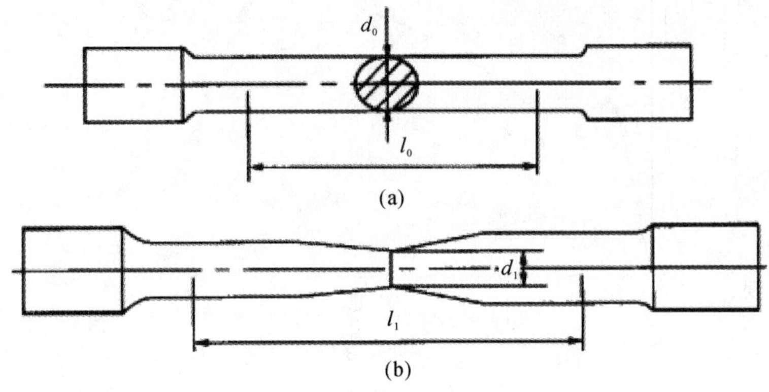

图 7-9 钢材断裂示意图

断面收缩率按下式计算：

$$\psi=\frac{A_0-A_1}{A_0}\times 100\% \tag{7-6}$$

式中：ψ——试件的断后伸长率，%；

A_0——试件原始截面积，mm^2；

A_1——试件拉断后颈缩处的截面积，mm^2。

伸长率和断面收缩率表示钢材断裂前经受塑性变形的能力。伸长率越大或断面收缩率越高，说明钢材塑性越好。钢材塑性好，不仅便于进行各种加工，而且能保证钢材在建筑上的安全使用。钢材的塑性变形能调整局部高峰应力，应使之趋于平缓，以免引起建筑结构的局部破坏及其所导致的整个结构破坏；钢材在塑性破坏前，有很明显的变形和较长的变形持续时间，便于人们及时发现和补救。

7.3 钢筋弯曲试验

冷弯是桥梁钢材的重要工艺性能，用以检验钢材在常温下承受规定弯曲程度的弯曲变形能力，并显示其缺陷。

工程中经常需对钢材进行冷弯加工，冷弯试验就是模拟钢材弯曲加工而确定的。通过冷弯试验，不仅能检验钢材适应冷加工的能力和显示钢材内部缺陷(起层、非金属夹渣等)状况，而且由于冷弯时试件中部受弯部位受到冲头挤压以及弯曲和剪切的复杂作用，因此也是考察钢材在复杂应力状态下塑性变形能力的一项指标。所以，通过冷弯试验，可对钢材质量进行严格的检验。

7.3.1 试样

试样的长度应根据试样厚度和所使用的试验设备确定。当采用支辊式弯曲装置时，可以按照下式确定：

$$L = 0.5\pi(d + a) + 140 \tag{7-7}$$

式中：d——弯曲压头或弯心直径，mm；

a——试验直径，mm。

7.3.2　试验原理及试验设备

钢筋试样经受弯曲塑性变形，不改变加力方向，直至达到规定的弯曲角度，然后卸除试验力，检查试样承受变形性能。通常检查试样弯曲部分的外面、里面和侧面，若弯曲处无裂纹、起层或断裂现象，即可认为冷弯性能合格。

冷弯试验可在压力机或万能试验机上进行。压力机或万能试验机上应配备弯曲装置。常用弯曲装置有支辊式、V 形模具式、虎钳式以及翻板式四种。上述四种弯曲装置的弯曲压头（或弯心）应具有足够的硬度，支辊式的支辊和翻板式的滑块也应具有足够的硬度。

7.3.3　试验步骤

以支辊式弯曲装置（见图 7－10）为例，介绍试验步骤与要求。

1）试样放置于两个支点上，将一定直径的弯心在试样两个支点中间施加压力，使试样弯曲到规定的角度或出现裂纹、裂缝、断裂。

2）试样在两个支点上按一定弯心直径弯曲至两臂平行时，可一次完成试验，也可先按 1）弯曲至 90°，然后放置在试验机平板之间继续施加压力，压至试样两臂平行。

3）试验时应在平稳压力作用下，缓慢施加试验力。

4）弯心直径必须符合相关产品标准中的规定，弯心宽度必须大于试样的宽度或直径，两支辊间距离为$(d+3a)\pm0.5a$(mm)，并且在试验过程中不允许有变化。

5）试验应在 10～35℃下进行，在控制条件下，试验在(23±2)℃下进行。

6）卸除试验力以后，按有关规定进行检查并进行结果评定。

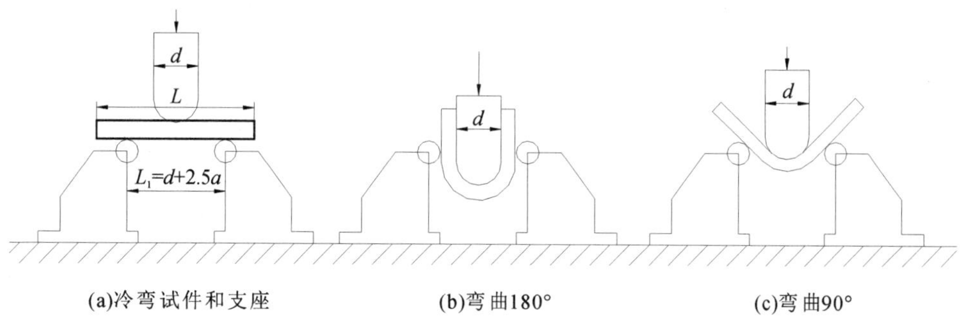

图 7－10　钢筋冷弯试验装置示意图

(a)冷弯试件和支座；(b)弯曲 180°；(c)弯曲 90°

7）冷弯角度和弯心直径（见表 7－4）。

表 7－4 中，d＝弯心直径，a＝钢筋直径。

表 7－4 冷弯角度和弯心直径

品　种	强度等级	公称直径/mm	冷弯角度/(°)	弯心直径
光圆钢筋	HPB235	8～22	180	$d=a$
螺纹钢筋	HRB335	8～25	180	$d=3a$
		28～50	180	$d=4a$
	HRB400	8～25	180	$d=4a$
		28～40	180	$d=5a$
	HRB500	10～25	180	$d=6a$
		28～32	180	$d=7a$

课后思考题

1)钢筋拉伸和冷弯试验的步骤是什么？钢筋的拉伸速率对试验结果有怎样的影响？

2)在进行钢筋的拉伸试验时，如何处理断口出现在钢筋标距以外的试验结果？

3)如何确定钢筋的屈服强度和抗拉强度？有哪些注意事项？

第 8 章　砌筑材料试验

8.1　烧结砖外观质量检测

8.1.1　试验仪器

1.砖用卡尺

砖用卡尺(见图 8－1)的分度值为 0.5mm。

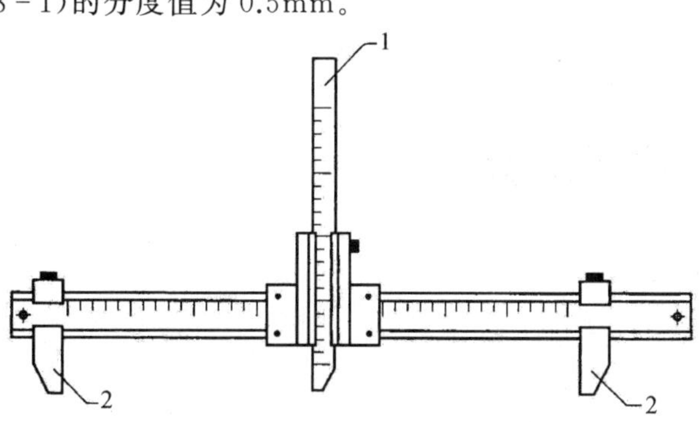

图 8－1　砖用卡尺

1—垂直尺;2—支脚

2.钢直尺

钢直尺(见图 8－2)的分度值为 1 mm。

图 8－2　钢直尺

8.1.2 试样取样

1)外观质量检验的试样采用随机抽样法，在每一检验批的产品堆垛中抽取。

2)尺寸偏差检验的样品用随机抽样法，在从外观质量检验后的样品中抽取。其他检验项目的样品用随机抽样法从外观质量检验后的样品中抽取。送检试样数量为 20 块。每(3.5～15)万为一批，不足 3.5 万按一批计。

3)接样：检查来样与送样单是否相符。检测执行的标准有《烧结普通砖》(GB/T 5101－2003)、《砌墙砖试验方法》(GB/T 2542－2003)。

8.1.3 试验步骤

1.尺寸测量

在砖的两大面的中间处分别测量两个长度尺寸；在砖的两个大面的中间处分别测量两个宽度尺寸；在砖的两个条面的中间处分别测量两个高度尺寸。当被测处有缺损或凸出时，可在其旁边测量，但应选择不利的一侧，测量结果精确至 0.5 mm。

2.外观质量检查

①缺损；②裂纹；③弯曲；④杂质；⑤色差。

8.2 烧结砖抗压试验

8.2.1 试验仪器

1.钢直尺

钢直尺的形状见图 8－2。

2.切割机

切割机实物见图 8－3。

图 8－3 切割机

3.材料试验机

材料试验机的示值误差不大于±1%，其下加压板应为铰支座，预期破坏荷载应在量程的 20%～80%，材料试验机见图 8-4。

图 8-4　材料试验机

4.振动台

振实台(见图 8-5)应符合《水泥胶砂试体成型振实台》(JC/T 682—2005)的要求。振实台应安装在高度约 400 mm 的混凝土基座上。混凝土体积约为 0.25 m^3，质量约 600 kg。需防外部振动影响振实效果时，可在整个混凝土基座下放一层厚约 5 mm 的天然橡胶弹性衬垫。将仪器用地脚螺丝固定在基座上，安装后设备呈水平状态，仪器底座与基座之间要铺一层砂浆，以保证它们能够完全接触。

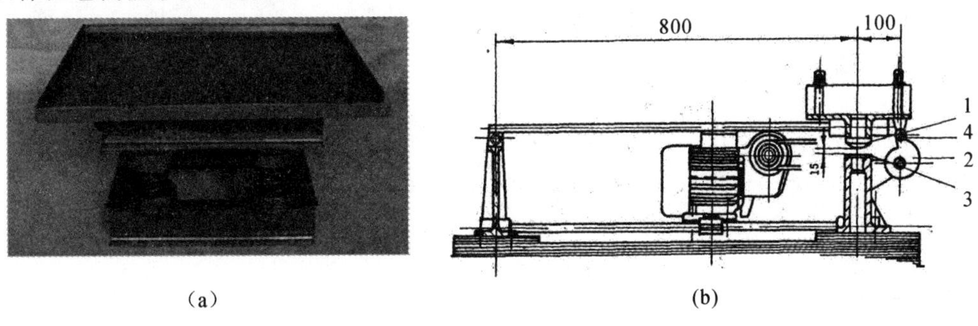

图 8-5　典型的振实台

(a)实物；(b)构造(单位：mm)

1—突头；2—凸轮；3—止动器；4—随动轮

8.2.2　试验过程

1.试样成形

1)将 10 块试样切断或锯成两个半截砖，断开的半截砖长度不小于 100 mm。如果不足

100 mm，应另取备用试样补足。

2)在试样制备平台上，将已断开的半截砖放入室温的净水中浸 10～20 min 后取出，并以断口相反方向叠放。两者中间抹以厚度不超过 5 mm 的、用 325 或 425 号普通硅酸盐水泥，调制成稠度适宜的水泥净浆进行黏结。上、下两面用厚度不超过 3 mm 的同种水泥浆抹平，制成的试件上、下两面须相互平行并垂直于侧面。

3)制成的抹面试件应放置于不低于 10℃的不通风室内，养护 3 d 再进行试验。

2.抗压试验步骤

1)试验机的的示值相对误差不大于±1%，其下加压板应为球绞支座，预期最大破坏荷载应在量程的 20%～80%之间。

2)测量每个试件连接面或受压面的长宽尺寸各两个，分别取其平均值，精确至 1 mm。

3)试验前应将试验机指针调到零位，调整的方法是，开动油泵并送油，使活塞上升一段距离(5～10 mm)，然后转动齿轮使指针对准零线。当指针对准零点时，摆锤应处于铅垂位置，若不处于铅垂位置，则应调节平衡砣，使之与刻线对准。

4)接通压力试验机开关(此时绿灯亮)。打开稳压电源，用钥匙将计算机保护板打开并接通电源开关，输入密码，进入数据采集程序，在计算机界面选择试验机类型，双击后出现模拟工作台并设定所需各种参数：

(a)选择试验机类型：砼 A(400 kN)。

(b)选择品种：烧结普通砖。

(c)选择加荷速度：(5±0.5)kN/s。

注：手动调制加荷速度——先将加荷速度指示装置开启，并迅速将调节器旋到适当位置，使指示盘保持一定的速度。

4)将试件平放在加压板的中央，垂直于受压面加荷，选择“打开油阀”、点击“开始测量”。

5)开动压力试验机油泵，试件应均匀平稳，不得发生冲击或振动。开始试压，加荷速度为(5±0.5)kN/s，直至试件破坏为止，计算机数据采集系统自动停止采集并记录最大破坏荷载 P。

6)试验结束后关闭压力试验机油泵。

8.2.3 结果分析

1.抗压强度

抗压强度＝最大破坏荷载/(受压面长度×受压面宽度)，见下式：

$$R_p=\frac{P}{LB} \tag{8-1}$$

式中：R_p——抗压强度；

P——最大破坏荷载；

L——受压面的长度，mm；

B——受压面的宽度，mm。

结果以算术平均值与单块最小值表示，精确至 0.1 MPa。

2.结果计算与评定

结果计算与评定见下式：

$$\delta = \frac{S}{f}S = \sqrt{\frac{1}{9}\sum_{i=1}^{10}(f_i - f)^2} \tag{8-2}$$

式中：δ——砖强度变异系数，精确至 0.01 MPa；

S——10 块试样的抗压强度标准差，精确至 0.01 MPa；

f——10 块试样的抗压强度平均值，精确至 0.1 MPa；

f_i——单块试样抗压强度测定值，精确至 0.01 MPa。

当变异系数 $\delta \leqslant 0.21$，样本量 $n=10$ 时的强度标准值 $f_k = f - 1.8S$；

其中 f_k 是强度标准值，精确至 0.1 MPa；

当变异系数 $\delta > 0.21$ 时，按表 8－1 中抗压强度平均值 f、单块最小值 f_{min} 评定砖的强度等级，单块最小抗压强度值精确至 0.1 MPa。

表 8－1　烧结砖抗压强度试验报告

试验日期			试验室温度 T/℃			变异系数
试验次数	试件尺寸	破坏荷载/kN	抗压强度/MPa			
			单块值	平均值 f	最小值 f_{min}	

8.3　冻融试验

8.3.1　试验仪器

1）电热鼓风干燥箱（见图 8－6）。

2）天平。

3）冻融循环仪器。

图 8－6　电热鼓风干燥箱

8.3.2 试验步骤

1)将5块试样放入鼓风干燥箱中，在105～110℃下干燥至恒重(在干燥过程中，前后两次称量相差不超过0.2%，前后两次称量时间间隔为2 h)称其质量，并检查外观，对缺棱、掉角和裂纹进行标记。

2)将试样浸在10～20℃的水中，24 h后取出，用湿布拭去表面水分，以大于20 mm的间距，侧向放于预先降至－15℃以下的冷冻箱中。

3)从温度再次降至－15℃时开始计时，在－15～－20℃下冷冻，烧结砖3 h，非烧结砖5h。然后取出放入10～20℃的水中融化。烧结砖不少于2 h，非烧结砖不少于3 h。如此为一次冻融循环。

4)每5次冻融循环，检查一次冻融过程中出现的破坏情况，如冻裂、缺棱、掉角以及剥落等破坏现象。

5)在冻融过程中，发现试样的冻坏超过外观规定时，应继续试验至15次冻融循环结束为止。

6)将15次冻融循环后的试样放入鼓风干燥箱中，干燥至恒重称其质量，若未发现烧结砖有冻坏现象，则可不进行干燥称量。

8.3.3 试验结果及质量评定

$$质量损失率=\frac{冻融前干质量-冻融后干质量}{冻融前干质量}\times 100\%$$

进行冻融试验后，每块砖样都不允许出现裂纹、分层、掉皮、缺棱以及掉角等冻坏现象，质量损失不得大于2%。

课后思考题

1)材料的冻融试验相关要求有哪些？如何保证试验的准确性？

2)烧结砖外观质量的主要内容有哪些？如何保证试验的准确性？

第9章 沥青试验

9.1 针入度测定

沥青的针入度是指在规定温度和时间内，在规定的荷载作用下，标准针垂直贯入试样的深度，以 0.1 mm 表示，未经注明，试验温度为 25℃，荷载(包括标准针、针的连杆与附加砝码的质量)为(100±0.1)g，时间为 5 s。

测定沥青的针入度，可以了解黏稠沥青的黏结性并确定其标号。

9.1.1 试验仪器

1.针入度仪

凡能保证针和针连杆在无明显摩擦下垂直运动，并能指示标准针贯入沥青试样深度准确至 0.1 mm 的仪器均可使用。针和针连杆组合件的总质量为(50±0.05)g，另附(50±0.05)g 砝码一只，试验时的总质量为(100±0.05)g。仪器设有放置平底玻璃保温皿的平台，并有调整水平的装置，针连杆应与平台相垂直。仪器设有针连杆制动标钮，使针连杆可自由下落，容易装卸，以便检查其质量。仪器还设有可自由转动与调整距离的悬臂，其端部有一面小镜或聚光灯泡，借以观察针尖与试样表面接触情况，如图 9-1 所示。当仪器为自动针入度仪时，各项要求与此项相同，温度采用温度传感器测定，针入度值采用位移计测定，能自动显示和记录，且应经常对自动装置的准确性进行校验。为提高测试精密度，不同温度的针入度试验宜采用自动针入度仪进行。

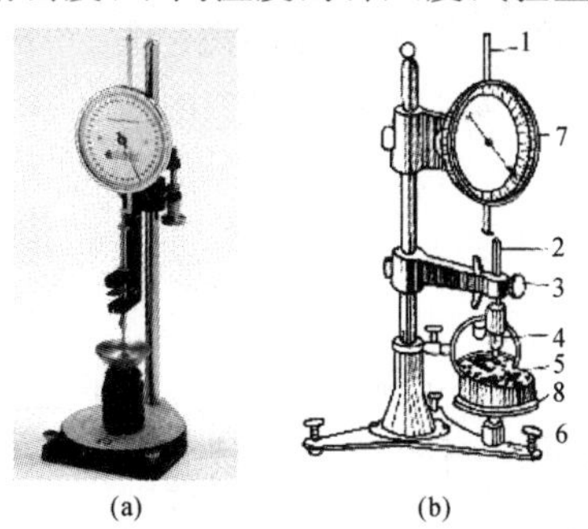

图 9-1 沥青针入度仪

(a)实物;(b)结构示意图

1—齿杆;2—连杆;3—撤钮;4—镜;5—试样;6—底脚螺丝;7—度盘;8—转盘

2.标准针

标准针由硬化回火的不锈钢制成，洛氏硬度为 HRC54～60，表面粗糙度 Ra＝0.2～0.3 μm，针及针杆总质量为(2.5±0.05)g，针杆上应印有号码标志，针应设有固定装置盒，以免碰撞针尖，每根针必须附有计量部门的检验单，并定期进行检验，其尺寸及形状如图 9－2 所示。

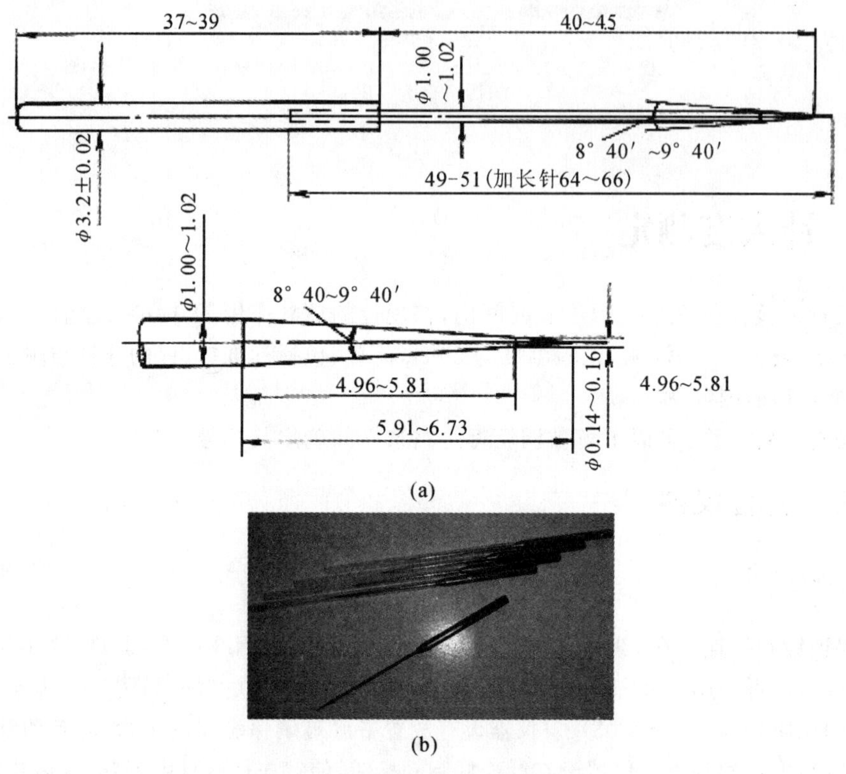

图 9－2　针入度试验用标准针

(a)标准针(单位：mm)；(b)实物

3.盛样皿

盛样皿由金属制成，圆柱形平底。小盛样皿的内径为 55 mm，深为 35 mm(适用于针入度小于 200)；大盛样皿内径为 70 mm，深为 45 mm(适用于针入度 200～350)；对针入度大于 350 的试样，需使用特殊盛样皿，其深度不小于 60 mm，试样体积不小于 125 mL。

4.恒温水浴

恒温水浴的容量不小于 10 L，控温准确度为 0.1℃。水槽中应设有一带孔的搁板(台)，位于水面下不小于 100 mm、距水浴底不小于 50 mm 处。

5.平底玻璃皿

平底玻璃皿的容量不小于 1 L，深度不小于 80 mm，内设有一个不锈钢三脚支架，能使盛样皿稳定。

6.温度计

温度计的测量范围为0～50℃，分度为0.1℃。

7.秒表

秒表的分度为0.1 s。

8.盛样皿盖

盛样皿盖为平板玻璃，直径不小于盛样皿开口尺寸。

9.溶剂

三氯乙烯。

10.其他

电炉或砂浴、石棉网、金属锅或瓷把坩埚等。

9.1.2　试验过程

1)将装有试样的盛样器带盖放入恒温烘箱中，当石油沥青中无水分时，烘箱温度宜为软化点温度以上90℃，通常为135℃左右。当石油沥青中含有水分时，将盛样器皿放在可控温的砂浴、油浴、电热套上加热脱水，不得不采用电炉、煤气炉加热脱水时，必须加放石棉垫。时间不超过30 min，并用玻璃棒轻轻搅拌，防止局部过热。在沥青温度不超过100℃的条件下，仔细脱水至无泡沫位置，最后的加热温度不超过软化点以上100℃(石油沥青)或50℃(煤沥青)。用筛孔尺寸为0.6 mm的筛过滤，以除去杂质。

2)将试样倒入盛样皿中，试样深度应超过预计针入度值10 mm，并遮盖盛样皿，以防落入灰尘。使其在15～30℃空气中冷却1～1.5 h(小试样皿)、1.5～2 h(大试样皿)或2～2.5 h(特殊盛样皿)后移入保持规定试验温度±0.1℃的恒温水槽中1～1.5 h(小试样皿)、1.5～2 h(大试样皿)或2～2.5 h(特殊盛样皿)。

3)调整针入度仪的水平，检查针连杆和导轨，以确认无水和其他外来物，无明显摩擦。用三氯乙烯或其他合适的溶剂清洗标准针，用干棉花将其擦干，把标准针插入针连杆中固紧。按试验条件放好附加砝码。

4)到恒温时间后，取出盛样皿，放入水温控制在试验温度±0.1℃的平底玻璃皿中的三脚架上，试样表面以上的水层深度应不小于10 mm(平底玻璃皿可用恒温浴的水)。

5)将盛有试样的平底玻璃皿置于针入度仪的平台上。慢慢放下针连杆，使针尖刚好与试样表面接触。用放置在合适位置的光源反射来观察，使针尖刚好与试样表面接触。拉下刻度盘的拉杆，使其与针连杆顶端轻轻接触，调节刻度盘或深度指示器的指针，使其指示为零。

6)开动秒表，在指针正指5 s的瞬时，用手紧压按钮，使标准针自动下落贯入试样，经规定时间，停压按钮使针停止移动。

注：当采用自动针入度仪时，在标准针落下贯入试样的同时开始计时，至5 s时自动停止。

7)拉下刻度盘拉杆与针连杆顶端接触，此时刻度盘指针或位移指示器的读数应准确至0.5

(0.1 mm)。

8)同一试样至少进行 3 次平行试验,各测定点之间及测定点与盛样皿边缘之间的距离不应小于 10 mm。每次试验后应将盛有盛样皿的平底玻璃皿放入恒温水槽,使平底玻璃皿中水温保持试验温度。每次试验应换一根干净的标准针或将标准针取下用蘸有三氯乙烯溶剂的棉花或布洗净,再用棉花或布擦干。

9)测定针入度大于 200 的沥青试样时,至少用 3 根针,每次测定后将针留在样品中,直至 3 次测定完成后,才能把针从试样中取出。

10)同一试样经 3 次平行试验结果的最大值和最小值之差在针入度和允许差值(见表 9-1)允许偏差范围内时,计算 3 次试验结果的平均值,取至整数作为针入度试验结果,以 0.1 mm 为单位。

表 9-1 针入度和允许差值

针入度/0.1 mm	允许差值/0.1 mm
0～49	2
50～149	4
150～249	12
250～500	20

当试验值不符合要求时,应重新进行试验。

11)精密度与允许差。当试验结果小于 50(0.1 mm)时,重复性试验的允许差为 2(0.1 mm),复现性试验的允许差为 4(0.1 mm)。当试验结果等于或大于 50(0.1 mm)时,重复性试验的允许差为平均值的 4%,复现性试验的允许差为平均值的 8%。

9.2 延度试验

沥青的延度是规定形状的试样在规定温度下以一定速度受拉伸至断开时的长度,以厘米表示。通过测定沥青的延度,可以了解黏稠沥青的延性。

根据有关规定,试验温度为(15±0.5)℃,拉伸速度为(5±0.25)cm/min。

9.2.1 试验仪器

1.延度仪

将试件浸没于水中,能保持规定的试验温度及按照规定拉伸速度拉伸试件,且试验时无明显震动的延伸仪均可使用。

2.试模

试模由黄铜制成,由两个端模和两个侧模组成,其形状及尺寸见图 9-3。

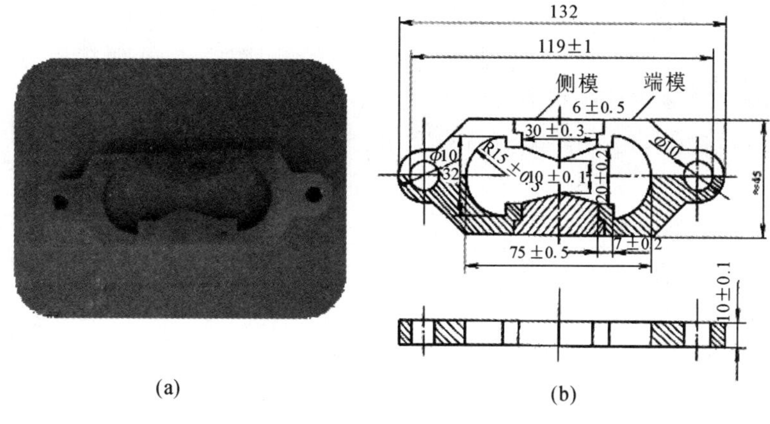

图9-3　沥青延度试模

(a)实物;(b)结构(单位:mm)

3.试模底板

试模底板为玻璃板、磨光的铜板或不锈钢板。

4.恒温水浴

恒温水浴的容量不小于10 L,控制温度的准确度为0.1℃,水浴中设有带孔搁架,搁架距底不小于50 mm。试件侵入水中深度不小于100 mm。

5.温度计

温度计的测量范围为0～50℃,分度为0.1℃。

6.砂浴或其他加热炉具

7.甘油滑石粉隔离剂(甘油与滑石粉的质量比2∶1)

8.其他

平刮刀、石棉网、酒精及食盐等。

9.2.2　试验过程

1)将隔离剂拌和均匀,涂于清洁干燥的试模底板和两个侧模的内侧表面,并将试模在试模底板上装好。

2)用与针入度试验相同的方法准备沥青试样,使试样呈细流状,自模的一端至另一端往返注入,使试样略高出模具。

3)试件在15～30℃的空气中冷却30～40 min,然后置于规定试验温度±0.1℃的恒温水浴中,保持30 min后取出,用热刀将高出模具的沥青刮走,使沥青面与模面齐平。沥青的刮法为自模的中间刮向两边,表面应刮得十分平滑。将试模连同金属板再浸入规定试验温度的水浴中保持 1～1.5 h。

4)检查延度仪拉伸速度是否符合要求，然后移动滑板使其指针正对标尺的零点。向延度仪注水，并保温至试验温度±0.5℃。

5)将试件移至延度仪的水槽中，然后将试件从金属板上取下，将模具两端的孔分别套在滑板及槽端的金属柱上，水面距试件表面应不小于 25 mm，然后去掉侧模。

6)确认延度仪水槽中水温为试验温度±0.5℃时，开动延度仪(此时仪器不得有振动)，观察沥青的延伸情况，在测定时，如发现沥青细丝浮于水面或沉入槽底，应在水中加入酒精或食盐，调整水的密度至与试样的密度相近后，再重新试验。

7)试件拉断时指针所指标尺上的读数即为试样的延度，以厘米表示。在正常情况下，试件延伸时应呈锥尖状，在断裂时实际横断面接近于零。如不能得到上述结果，则应在报告中注明。

8)对同一试样，每次平行试验应不少于 3 个，当 3 个测定结果均大于 100 cm 时，试验结果记作“>100 cm”；如有特殊需要，也可分别记录实测值。在 3 个测定结果中，有一个以上的测定值小于 100 cm 时，若最大或最小值与平均值之差满足重复性试验精度要求，则取 3 个测定结果的平均值的整数作为延度试验结果；若平均值大于 100 cm，记作“>100 cm”；最大值或最小值与平均值之差不符合重复性试验精度要求时，应重新进行试验。

9)精密度或允许差。当试验结果小于 100 cm 时，重复性试验的允许差为平均值的 20%，复现性试验的允许差为平均值的 30%。

9.3 软化点测定

沥青的软化点是试样在规定尺寸的金属环内，上置规定尺寸和质量的钢球，放于水(或甘油)中，以(5±0.5)℃/min 的速度加热，至钢球下沉达规定距离 25.4 mm 时的温度，以℃表示。通过测定沥青的软化点，可以确定黏稠沥青的稳定性。

9.3.1 试验仪器

1.环与球软化点仪

软化点仪多为双球结构形式，其结构见图 9-4。环与球法软化点仪由下列几个部分组成。

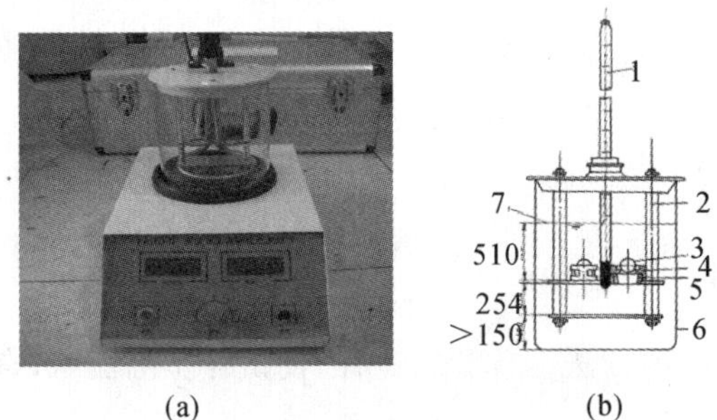

图 9-4　沥青环与球软化点仪

(a)实物；(b)结构(单位：mm)

1—温度计；2—立杆；3—钢球；4—钢球定位环；5—金属环；6—烧杯；7—水面

2.钢球

钢球即钢制圆球，直径为 9.53 mm，质量为（3.50±0.05）g，表面应光滑，不许有斑痕、锈迹。

3.试样环

试样环用黄铜或不锈钢制成，其形状和尺寸见图 9－5。

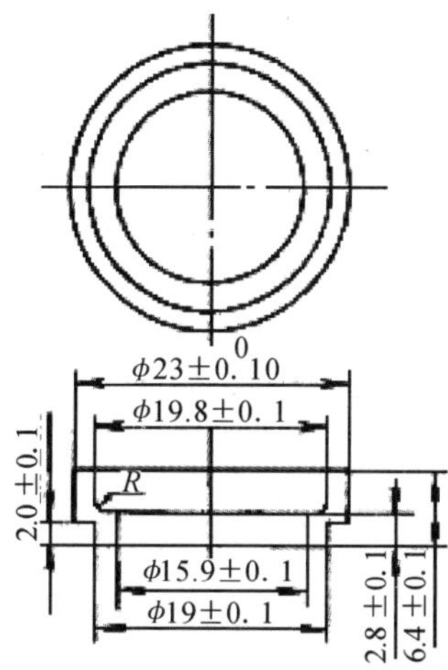

图 9－5　试样环（单位：mm）

4.钢球定位环

钢球定位环用黄铜或不锈钢制成，能使钢球定位于试样环中央。通常采用的钢球定位环的形状和尺寸见图 9－6。

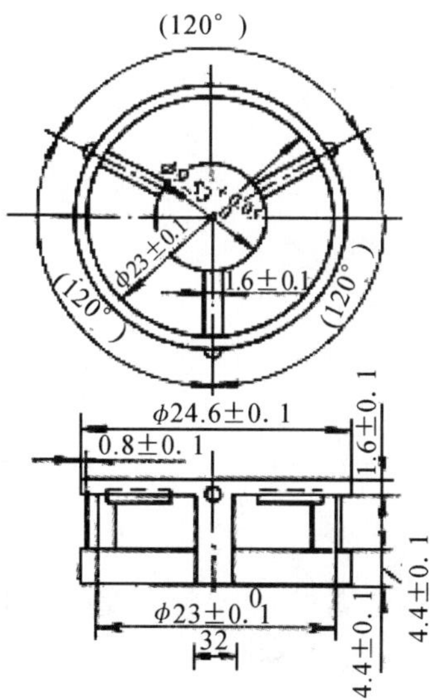

图 9－6　钢球定位环（单位：mm）

5.试验架

试验架由两根连接杆和三层平行金属板组成。上层为一圆盘,中间有一圆孔,用以插放温度计。中层板上有两个孔,以供放置试样环,中间有一小孔可支持温度计的测温端部。一侧立杆距环上面 51 mm 处,刻一液面指示线,应保证中层板与下层板之间的距离为 25.4 mm,下底板距烧杯底不小于 12.7 mm,也不得大于 19 mm。三层金属板和两个主杆由两螺母固定在一起。

6.烧杯

烧杯容积为 800～1000 mL,直径不小于 86 mm,高度不小于 120 mm。

7.温度计

温度计的刻度为 0～80℃,分度为 0.5℃。

8.试样底板

金属板(表面粗糙度 *Ra* 应达 0.8μm)或玻璃板。

9.环夹

环夹由薄钢条制成,用以夹持金属环,以便刮平表面。

10.装有温度调节器的电炉或其他加热炉具

应采用带有振荡搅拌器的加热电炉,振荡子置于烧杯底部。

11.新煮沸过的蒸馏水

12.甘油滑石粉隔离剂(配比同前)

13.恒温水槽

14.平直刮刀

15.其他

石棉网。

9.3.2 试验过程

1)将试样环置于涂有隔离剂的金属板上,与针入度试验相同的方法准备沥青试样,将试样注入试样环内至略高出环面为止(如预估软化点在 120℃以上时,应将试样环与金属板预热至 80～100℃)。

2)试样在室温冷却 30 min 后,用环夹夹着试样环,并用热刀刮去高出环面上的试样,使其与环面齐平。

3)预估软化点低于80℃的试样，将盛有试样的试样环及金属板置于(5±0.5)℃水的恒温水槽中至少保持15 min，同时将金属支架、钢球、钢球定位环等置于相同水槽中。

4)向烧杯内注入新煮沸并冷却至约5℃的蒸馏水，水面略低于立杆上的深度标记。

5)从恒温水槽中取出盛有试样的试样环，放置在环架中层板的圆孔中，并套上钢球定位环，把整个环架放入烧杯内，调整水面至深度标记，并保持水温为(5±0.5)℃。环架上任何部分均不得有气泡。将温度计由上层板中心孔垂直插入，使水银球底部与试样环下面齐平。

6)将烧杯移放在有石棉网的加热炉具上，然后将钢球放在定位环中间的试样中央，立即开动振荡搅拌器，使水微微振荡，并开始加热，使杯中水温在3 min内调节至维持每分钟上升(5±0.5)℃。在加热过程中，应记录每分钟上升的温度值，如温度上升速度超出此范围时，则应重做试验。

7)试样受热软化下坠至与下层底板表面接触时，立即读取温度，准确至0.5℃。

8)预估软化点高于80℃的试样，将盛有试样的试样环及金属板置于装有(32±1)℃甘油的恒温槽中至少保持15 min，同时将金属支架、钢球、钢球定位环等置于甘油中。

9)向烧杯内注入预先加热至32℃的甘油，其液面略低于立杆上的深度标记。

10)从恒温槽中取出装有试样的试样环，按6)的方法进行测定，准确至1℃。

11)同一试样试验两次，当两次测定值的差值符合重复性试验精密度要求时，取其平均值作为软化点试验结果，准确至0.5℃。

12)精密度或允许差。当试样软化点小于80℃时，重复性试验的允许差为1℃，复现性试验的允许差为4℃；当试样软化点等于或大于80℃时，重复性试验的允许差为2℃，复现性试验的允许差为8℃。

课后思考题

1)在沥青的各项性能测试中，为什么要严格控制温度？

2)沥青的延度大小反映了沥青的何种性质？延度仪的拉伸速度对测试结果有何影响？

3)针入度用于测定沥青的哪些具体指标？

第10章　混凝土配合比设计试验

混凝土的配合比是指混凝土中各组成材料的质量比例。确定配合比的工作，称为配合比设计。配合比设计优劣与混凝土性能有着直接的关系。

10.1　混凝土配合比设计基本要点

10.1.1　配合比的表示方法

配合比的表示方法通常有以下两种。

1)以 1 m^3混凝土中各组成材料的用量表示，如水泥 320 kg，砂 730 kg，石子 1 220 kg，水 175 kg。

2)以各组成材料相互之间的质量比来表示，其中以水泥质量为 1 计，将上例换算成质量比，水泥∶砂∶石=1∶2.28∶3.81，水灰比 $W/C=0.55$。

10.1.2　配合比设计的基本要求

混凝土配合比设计必须达到以下 4 项基本要求。

1)满足混凝土结构设计要求的强度等级。

2)满足混凝土施工所要求的和易性。

3)满足工程所处环境对混凝土耐久性的要求。

4)符合经济原则，即节约水泥用量，降低混凝土成本。

10.1.3　配合比设计的三个重要参数

水灰比 W/C、单位用水量 m_w以及砂率 β_s是混凝土配合比设计的三个重要参数，它们与混凝土各项性能之间有着非常密切的关系。在配合比设计中，要正确地确定这三个参数，才能保证配制出满足 4 项基本要求的混凝土。水灰比、单位用水量和砂率的确定原则是：

1)在满足混凝土强度和耐久性的基础上，确定混凝土水灰比。

2)在满足混凝土施工要求的和易性的基础上，根据粗骨料的种类和规格，确定混凝土的单位用水量。

3)砂率应以填充石子空隙后略有富余的原则来确定。

10.1.4　配合比设计的资料准备

混凝土所用各种原材料的品质，直接关系着混凝土的各项技术性能，当原材料改变时，混凝土的配合比也应随之变动，否则不能保证混凝土达到与原来相同的技术性能。为此，在设计混凝土配合比之前，一定要做好调查研究工作，预先掌握下列基本资料。

1）了解工程设计要求的混凝土强度等级，以便确定混凝土配制强度。

2）了解工程所处环境对混凝土耐久性的要求，以便确定所配混凝土的最大水灰比和最小水泥用量。

3）了解结构构件断面尺寸及钢筋配置情况，以便确定混凝土骨料的最大粒径。

4）了解混凝土施工方法，以便选择混凝土拌和物坍落度。

5）掌握各原材料的性能指标，例如，水泥的品种、强度等级、密度，砂、石骨料品种规格、表观密度、级配，石子最大粒径以及拌和用水的水质情况，外加剂品种、性能、适宜掺量等。

10.1.5　配合比设计的方法步骤

配合比设计采用的是计算与试验相结合的方法，按以下 3 步进行。

1.初步配合比计算

（1）确定混凝土配制强度

工程中配制混凝土时，如果所配制混凝土的强度 $f_{cu,o}$ 等于设计强度 $f_{cu,k}$，这时混凝土强度保证率只有 50%。因此，为了保证工程混凝土具有设计所要求的 95%强度保证率，在进行混凝土配合比设计时，必须要使混凝土的配制强度大于设计强度。根据《普通混凝土配合比设计规程》（JGJ 55－2010）规定，混凝土配制强度按下式计算。

$$f_{cu,o} \geqslant f_{cu,k} + 1.645\sigma \tag{10-1}$$

式中：$f_{cu,o}$——混凝土配制强度，MPa；

$f_{cu,k}$——设计的混凝土强度等级值，MPa；

σ——混凝土强度标准差，MPa。

按《混凝土结构工程施工质量验收规范》（GB 50204－2015）规定，混凝土强度标准差 σ 可根据施工单位近期（统计周期不超过三个月，预拌混凝土厂和预制混凝土构件厂统计周期可取一个月）的同一品种混凝土强度资料，按下式计算。

$$\sigma = \sqrt{\frac{\sum_{i=1}^{n} f_{cu,i}^2 - n\bar{f}_{cu}^2}{n-1}} \tag{10-2}$$

式中：σ——混凝土强度标准差，MPa；

$f_{cu,i}$——第 i 组试件的混凝土强度值，MPa；

$\bar{f}_{cu}$——n 组试件混凝土强度平均值，MPa；

n——混凝土试件组数，$n \geqslant 25$。

当混凝土强度等级为 C20 或 C25 时，如计算所得 $\sigma < 2.5$ MPa，取 $\sigma = 2.5$ MPa；当混凝土强度等级高于 C25 时，如计算所得 $\sigma < 3.0$ MPa，取 $\sigma = 3.0$ MPa。当施工单位不具有近期的同

一品种混凝土的强度资料时，σ 值可按表 10－1 取值。

表 10－1 混凝土强度等级标准差 σ 值

混凝土设计强度等级($f_{cu,k}$)	σ/MPa
＜C20	4.0
C20～C35	5.0
＞C35	6.0

在配制强度计算式中，"＞"符号的使用条件为：现场条件与试验室条件有显著差异时或 C30 级及其以上强度等级的混凝土，用非传统方法评定时采用。

(2)确定水灰比 W/C

当混凝土强度等级小于 C60 时，水灰比按鲍罗米公式计算，见式(10－3)。

$$\frac{W}{C}=\frac{\alpha_a f_{ce}}{f_{cu,o}+\alpha_a\alpha_b f_{ce}} \tag{10-3}$$

式中：α_a，α_b——回归系数。采用碎石，$\alpha_a=0.46$，$\alpha_b=0.07$；采用卵石，$\alpha_a=0.48$，$\alpha_b=0.33$；

f_{ce}——水泥 28 d 抗压强度实测值，MPa，当无实测值时，f_{ce} 可按式($f_{ce}=\gamma_c f_{ce,g}$)计算，也可根据 3 d 强度或快测强度推定 28 d 强度关系式推出。

以上按强度公式计算出的水灰比，还应复核其耐久性，使计算所得的水灰比值小于或等于表 10－2 中规定的最大水灰比值。若计算值大于表中规定的最大水灰比值，应取规定的最大水灰比值。

当混凝土强度等级≥C60 时，水灰比按现有试验资料确定，然后通过试配预以调整。

(3)确定单位用水量 m_{wo}

1)干硬性和塑性混凝土单位用水量。

根据骨料品种、粒径及施工要求的拌和物稠度(流动性)，按表 10－2 和表 10－3 选取。

表 10－2 干硬性混凝土的用水量 单位：$kg\cdot m^{-3}$

拌和物稠度		卵石最大粒径/mm			碎最大粒径/mm		
项目	指标	10	20	40	16	20	40
维勃稠度/s	16～20	175	160	145	180	170	155
	11～15	180	165	150	185	175	160
	5～10	185	170	155	190	180	165

表 10－3 塑性混凝土的用水量 单位：$kg\cdot m^{-3}$

拌和物稠度		卵石最大粒径/mm				碎最大粒径/mm			
项目	指标	10	20	31.5	40	16	20	31.5	40
坍落度/mm	10～30	190	170	160	150	200	185	175	165
	35～50	200	180	170	160	210	195	185	175
	55～70	210	190	180	170	220	205	195	185
	75～90	215	195	185	175	230	215	205	195

注：1.本表用水量系采用中砂时的平均值。采用细砂时，每立方米混凝土用水量可增加 5～10 kg；采用粗砂时，则可减少 5～10 kg。

2.掺用外加剂时，用水量应作相应调整。

3.本表适用于混凝土水灰比在 0.40～0.80 范围内，当 $W/C<0.40$ 时，混凝土用水量应通过试验确定。

2)流动性和大流动性混凝土用水量。

按下列步骤计算。

第一步,以表 10－3 中坍落度 90 mm 的用水量为基础,按坍落度每增大 20 mm 用水量增加 5 kg,计算出未掺加外加剂时的混凝土用水量。

第二步,掺加外加剂的混凝土用水量按式下式计算。

$$m_{wa}=m_{wo}(1-\beta) \tag{10-4}$$

式中:m_{wa}——掺加外加剂混凝土每立方米用水量,kg;

m_{wo}——未掺加外加剂混凝土每立方米用水量,kg;

β——外加剂的减水率,%,由试验确定。

(4)计算水泥用量

水泥根据已确定混凝土用水量 m_{wo} 和水灰比 W/C 值,可由下式计算出水泥用量 m_{co},并复核耐久性。

$$m_{co}=\frac{m_{wo}}{W/C} \tag{10-5}$$

计算所得的水泥用量 m_{co} 应大于或等于规定的最小水泥用量值。若计算值小于规定值,应取表中规定的最小水泥用量值。

(5)确定合理砂率

坍落度为 10～60 mm 混凝土的合理砂率,可按表 10－4 选取。

表 10－4　混凝土的砂率　　单位:%

水灰比(W/C)	卵石最大粒径/mm			碎最大粒径/mm		
	10	20	40	16	20	40
0.4	26～32	25～31	24～30	30～35	29～34	27～32
0.5	30～35	29～34	28～33	33～38	32～37	30～35
0.6	33～38	32～37	31～36	36～41	35～40	33～38
0.7	36～41	35～40	34～39	39～44	38～43	36～41

注:1.本表的数值系中砂的选用砂率,对细砂或粗砂,可相应地减小或增大砂率。

2.只用一个单粒级粗骨料配制混凝土时,砂率应适当增大。

3.对薄壁构件,砂率取偏大值。

对于坍落度大于 60 mm 的混凝土砂率,可在表 10－4 的基础上,按坍落度每增大 20 mm,砂率增大 1%的幅度予以调整。对于坍落度小于 10 mm 的混凝土,其砂率应经试验确定。

(6)计算砂、石用量

砂、石用量可用质量法或体积法求得。

1)质量法。

当原材料情况比较稳定,所配制的混凝土拌和物的体积密度将接近一个固定值,可以先假定一个混凝土拌和物的体积密度,按下式计算砂、石的用量。

$$\left.\begin{aligned} m_{co}+m_{go}+m_{so}+m_{wo}&=m_{cp}\\ \beta_s&=\frac{m_{so}}{m_{go}+m_{so}}\times 100\% \end{aligned}\right\} \tag{10-6}$$

式中：m_{co}——水泥质量，kg；

m_{go}——石子质量，kg；

m_{so}——砂子质量，kg；

m_{wo}——水的用量，kg；

m_{cp}——混凝土拌和物的假定体积密度，一般取值为 2 350～2 450 kg/m^3；

β_s——砂率，%。

2)体积法。

假定混凝土拌和物的体积等于各组成材料绝对体积及拌和物中所含空气的体积之和，按下式计算 1 m^3 混凝土砂、石用量。

$$\left.\begin{aligned}&\frac{m_{co}}{\rho_c}+\frac{m_{go}}{\rho_g'}+\frac{m_{so}}{\rho_s'}+\frac{m_{wo}}{\rho_w}+0.01\alpha=1\\&\beta_s=\frac{m_{so}}{m_{go}+m_{so}}\times 100\%\end{aligned}\right\}\tag{10-7}$$

式中：ρ_c——水泥密度，kg/m^3；

ρ_s'，ρ_g'——砂、石的表观密度，kg/m^3；

ρ_w——水的密度，kg/m^3，取 1 000 kg/m^3；

α——混凝土的含气百分数，在不使用引气剂时，α 可取为 1。

(7)计算混凝土外加剂的掺量

外加剂掺量 m_{jo} 是以占水泥质量百分数计，故在已知水泥用量 m_{co} 及外加剂适宜掺量 γ 时，按下式计算。

$$m_{jo}=m_{co}\gamma\tag{10-8}$$

式中：m_{jo}——外加剂的质量，kg；

m_{co}——水泥的质量，kg；

γ——外加剂适宜掺量，%。

通过以上计算，可将水泥、水、砂和石子的用量全部求出，从而得到初步配合比。

2.试验室配合比的确定

初步配合比是利用经验公式和经验资料获得的，由此配制的混凝土有可能不符合实际要求，所以需要对其进行试配、调整与确定。

(1)试配与调整

混凝土试配时，应采用工程中实际使用的原材料，混凝土的搅拌方法也宜与生产时使用的方法相同。

试配时，每盘混凝土的数量应不小于表 10－5 的规定值。当采用机械搅拌时，拌和量应不小于搅拌机额定搅拌量的 1/4。

表 10－5　混凝土试配用最小拌和量

粗骨料最大粒径/mm	≤31.5	40
拌和物数量/L	15	25

混凝土配合比试配调整的主要工作如下。

1)混凝土拌和物和易性调整。按初步配合比进行试拌,以检验拌和物的性能。当试拌得出的拌和物坍落度或维勃稠度不能满足要求,或黏聚性和保水性能不好时,则应在保证水灰比不变的条件下相应调整用水量或砂率,直到符合要求为止。据经验,每增(减)坍落度 10 mm,需增(减)水泥浆 2%～5%。然后提出供混凝土强度试验用的基准配合比。

2)混凝土强度复核。进行混凝土强度试验时,至少应采用 3 个不同的配合比,其中一个为基准配合比,另外两个配合比的水灰比值,较基准配合比分别增加和减少 0.05,其用水量与基准配合比基本相同(调整水泥用量),砂率值可分别增加和减小 1%。当发现不同水灰比的混凝土拌和物坍落度与要求值相差超过允许偏差时,可适当增、减用水量以进行调整。

制作混凝土强度试件时,应检验混凝土的坍落度或维勃稠度、黏聚性、保水性及拌和物体积密度,并以此结果表示这一配合比的混凝土拌和物的性能。

为检验混凝土强度等级,每种配合比应至少制作 1 组(3 块)试件,并经标准养护 28 d 试压。需要时,可同时制作几组试件,供快速检验或较早龄期试压,以便提前确定出混凝土配合比供施工使用,但应以标准养护 28 d 强度的检验结果为依据调整配合比。

10.2　试验室配合比(理论配合比)的确定

(1)混凝土各材料用量

根据测出的混凝土强度与相应灰水比,作图或计算,求出混凝土的配制强度与相对应的灰水比,并按下列原则确定每立方米混凝土各材料用量。

1)用水量 m_w——取基准配合比中用水量,并根据制作强度试件时测得的坍落度或维勃稠度值,进行调整。

2)水泥用量 m_c——以用水量乘以选定的灰水比进行计算。

3)粗、细骨料用量 m_g,m_s——取基准配合比中的粗、细骨料用量,并按定出的水灰比做适当调整。

(2)混凝土体积密度的校正

经强度复核之后的配合比,还应根据混凝土体积密度的实测值 $\rho_{c,t}$ 进行校正,其方法如下。

计算出混凝土拌和物的计算表观密度 $\rho_{c,c}$,当混凝土表观密度实测值 $\rho_{c,t}$ 与计算值 $\rho_{c,c}$ ($\rho_{c,c}=m_c+m_g+m_s+m_w$)之差的绝对值不超过计算值的 2%时,由以上定出的配合比即为确定的试验室配合比;当二者之差超过计算值的 2%时,应将配合比中的各项材料用量均乘以校正系数 δ($\delta=\frac{\rho_{c,t}}{\rho_{c,c}}$),即为确定的混凝土试验室配合比。

10.3　混凝土施工配合比的确定

在混凝土试验室配合比中,砂、石是以干燥状态(砂子含水率<0.5%,石子含水率<0.2%)计算的,实际工地上存放的砂、石都含有一定的水分。因此,现场材料的实际称量应按工地砂、石的含水情况对试验室配合比进行修正,修正后的 1 m^3 混凝土各材料用量叫作施工

配合比。

设工地砂的含水率为 $a\%$，石子的含水率为 $b\%$，并设施工配合比中，1 m^3 混凝土各材料用量分别为 m_c'，m_s'，m_g'，m_w'(kg)，则 1 m^3 混凝土施工配合比中各材料的用量为

$$m_c' = m_c$$

$$m_s' = m_s(1 + a\%)$$

$$m_g' = m_g(1 + b\%)$$

$$m_w' = m_w - m_s \times a\% - m_g \times b\%$$

施工现场骨料的含水率是经常变动的，因此在混凝土施工中应随时测定砂、石骨料的含水率，并及时调整混凝土配合比，以避免因骨料含水量的变化而导致混凝土水灰比产生波动，从而导致混凝土的强度、耐久性等性能降低。

课后思考题

1)混凝土的配合比计算有哪些步骤？分别代表施工的哪些阶段？

2)如何确定混凝土施工配合比？

参考文献

[1]叶建雄. 建筑材料基础试验[M]. 北京:中国建材工业出版社，2016.

[2]张英. 建筑材料与检测[M]. 北京:北京理工大学出版社，2019.

[3]苏达根.土木工程材料[M].北京:高等教育出版社,2019.

[4]周亦人.建筑材料试验指导[M].南京:东南大学出版社,2014.